中国铁建股份有限公司企业标准

河道生态治理技术规程

Technical Regulations for Ecological Control of River Courses

Q/CRCC 33701—2023

主编单位：中铁十七局集团有限公司
    中铁第五勘察设计院集团有限公司
批准单位：中国铁建股份有限公司
实施日期：2024 年 5 月 1 日

人民交通出版社股份有限公司
2024 · 北京

图书在版编目（CIP）数据

河道生态治理技术规程／中铁十七局集团有限公司，中铁第五勘察设计院集团有限公司主编. — 北京 ：人民交通出版社股份有限公司，2024. 3

ISBN 978-7-114-19316-3

Ⅰ. ①河… Ⅱ. ①中…②中… Ⅲ. ①河道整治—生态环境—环境保护—技术规范 Ⅳ. ①TV882-65

中国国家版本馆 CIP 数据核字（2023）第 250867 号

标准类型：**中国铁建股份有限公司企业标准**

标准名称：**河道生态治理技术规程**

标准编号：Q/CRCC 33701—2023

主编单位：中铁十七局集团有限公司

中铁第五勘察设计院集团有限公司

责任编辑：曲　乐　刘国坤

责任校对：孙国靖　刘　璇

责任印制：刘高彤

出版发行：人民交通出版社股份有限公司

地　　址：（100011）北京市朝阳区安定门外外馆斜街 3 号

网　　址：http://www.ccpcl.com.cn

销售电话：（010）59757973

总 经 销：人民交通出版社股份有限公司发行部

经　　销：各地新华书店

印　　刷：北京印匠彩色印刷有限公司

开　　本：880×1230 1/16

印　　张：5.25

字　　数：119 千

版　　次：2024 年 3 月　第 1 版

印　　次：2024 年 3 月　第 1 次印刷

书　　号：ISBN 978-7-114-19316-3

定　　价：42.00 元

（有印刷、装订质量问题的图书，由本公司负责调换）

中国铁建股份有限公司文件

中国铁建科创〔2023〕99号

关于发布《高速铁路轨道及线下结构服役状态监测技术规程》等 12 项中国铁建企业技术标准的通知

各区域总部，所属各单位、各直管项目部：

现批准发布《高速铁路轨道及线下结构服役状态监测技术规程》（Q/CRCC 12501—2023）、《铁路工程布袋注浆桩技术规程》（Q/CRCC 13101—2023）、《城市轨道交通信息模型施工应用指南（土建部分）》（Q/CRCC 32301—2023）、《河道生态治理技术规程》（Q/CRCC 33701—2023）、《铁路物联网信息通信总体框架》（Q/CRCC 13801—2023）、《轨道交通接触网大数据基本要求》（Q/CRCC 13701—2023）、《接触网在线监测信息感知装置》（Q/CRCC 13702—2023）、《桥梁转体技术规程》（Q/CRCC 23202—2023）、《铁路隧道机械化施工技术指南》（Q/CRCC 13301—2023）、《装配式挡土墙技术规程》（Q/CRCC 23303—2023）、《农村公路桥梁技术指南》（Q/CRCC 23203—2023）和《工程施工废弃物再生集料应用技术标准》（Q/CRCC 23304—2023），自 2024 年 5 月 1 日起实施。

以上标准由人民交通出版社股份有限公司出版发行。

中国铁建股份有限公司

2023 年 11 月 10 日

中国铁建股份有限公司办公室（党委办公室）　　　　2023 年 11 月 10 日印发

前　　言

本规程根据中国铁建股份有限公司《关于印发 2022 年中国铁建企业技术标准编制计划的通知》（中国铁建科创函〔2022〕15 号）的要求，由中铁十七局集团有限公司会同中铁第五勘察设计院集团有限公司编制完成。

本规程编制过程中，编制组进行了深入调查研究，系统地总结了中国铁建股份有限公司河道生态治理工程建设的实践经验，广泛征求有关单位和专家意见，并与相关标准进行了协调。本规程经反复讨论、修改，由中国铁建股份有限公司科技创新部审查定稿。

本规程共分 9 章，主要技术内容包括：1 总则；2 术语和符号；3 基本规定；4 现状调查；5 工程设计；6 工程施工；7 工程质量验收与评定；8 运营维护；9 安全管理。另有 4 个附录。

本规程由中国铁建股份有限公司科技创新部负责管理。由中铁十七局集团有限公司负责具体技术内容的解释。规程执行过程中如有意见或者建议，请寄送中铁十七局集团有限公司（地址：山西省太原市小店区平阳路 84 号；邮编：030006；电子邮箱：912809402@qq.com），以供今后修订时参考。

主 编 单 位：中铁十七局集团有限公司
　　　　　　　中铁第五勘察设计院集团有限公司
主要起草人员：陈宏伟　邱　瑞　王　宇　高付才　郭　明　丰小华
　　　　　　　刘　江　李亚密　孙全凤　金建军　李浩宇　马瑞华
　　　　　　　韩三平　周永明　彭胜群　常　月　崔亚凝　颜离园
　　　　　　　郑春海　张　强　胡　超　韩志磊　徐君诚　孟宇轩
　　　　　　　陈　超

主要审查人员：李聚兴　温学友　王少飞　张少雄　肖金凤　代敬辉
　　　　　　　贾志武　张立青　徐惠纯　马　颖　刘　操　陈芳孝
　　　　　　　李　延　陈　彦　耿　晋　韩博文

目　　次

Contents

1 总则

1.0.1 为规范河道生态治理技术，提高设计、施工、运营的规范性和科学性，推动构建河道生态治理技术体系，提升河道生态治理工程综合品质和管理水平，制定本规程。

1.0.2 本规程适用于河道生态治理的工程设计、施工、质量验收和运营维护。

1.0.3 河道生态治理应符合上位规划，并满足河道行洪、灌溉、通航等要求。

1.0.4 河道生态治理除应符合本规程外，尚应符合国家现行有关标准和中国铁建股份有限公司现行企业技术标准的规定。

2 术语和符号

2.1 术语

2.1.1 河道生态治理 river ecological control

在河道陆域控制线内，满足防洪、排涝及引水等河道基本功能的基础上，通过人工修复措施促进河道水生态系统恢复，构建健康、完整、稳定的河道水生态系统的活动。

2.1.2 河岸带 riparian zone

直接影响河湖（库）水域或受到河湖（库）水域影响的河湖（库）水域毗连地带，是河湖（库）水域与相邻陆地生态系统之间的过渡带。

2.1.3 生态修复 ecological restoration

对生态系统停止人为干扰，以减轻负荷压力，依靠生态系统的自我调节能力与自我组织能力使其向有序的方向进行演化，也可辅以人工措施，使遭到破坏的生态系统逐步恢复或使生态系统向良性循环方向发展。

2.1.4 生态基流 ecological baseflow

维持河流基本形态和生态功能，防止河道断流，避免河流水生态系统功能被破坏而无法恢复的河道内最小流量。

2.1.5 换水周期 period of changing water

水体全部置换更换一次所需的时间。

2.1.6 生态混凝土 eco-concrete

通过材料筛选、添加功能性添加剂、采用特殊工艺制造出来的具有特殊结构与功能，能减少环境负荷，提高生态环境协调性的混凝土。

2.1.7 生态护岸 ecological revetment

在传统护岸技术基础上，利用活体植物和天然材料作为护岸材料，既满足岸坡防护要求，又能为生物提供良好栖息地条件，改善自然景观的护岸结构。

2.1.8 生态袋 ecological bag

由聚丙烯或者聚酯纤维为原材料制成的双面熨烫针刺无纺布加工而成的袋子，是一种具有高强抗紫外线、抗冻融、耐酸碱的生态合成材料，运用于建造柔性生态护岸。

2.1.9 生态格网 ecological grid

将抗腐耐磨高强的低碳热镀锌钢丝或5%铝锌稀土合金镀层钢丝，由机械编织成多绞状、六边形网孔的格网，其双线绞合部分的长度应不小于5cm，以不破坏钢丝的防护镀层。格网可根据工程设计要求组装成箱笼，并装入块石等填充料后连接成一体，形成柔性结构。

2.1.10 生态清淤 ecological dredging

将河道内源污染的底泥以及河道岸边垃圾、弃渣等堆积物进行清理。

2.1.11 人工湿地 constructed wetland

模拟自然湿地的结构和功能，人为地将低污染水投配到由填料（含土壤）与水生植物、动物和微生物构成的独特生态系统中，通过物理、化学和生物等协同作用使水质得以改善的工程。或利用河滩地、洼地和绿化用地等，通过优化集布水等强化措施改造的近自然系统。

2.1.12 生态浮岛 ecological floating island

在水体中搭建的用于水生植物种植和生长，具有净化水质、创造生物生息空间、改善景观和消浪保护驳岸等作用的漂浮平台。

2.1.13 曝气设备 aeration facilities

向水体中充入空气或氧气加速水体富氧过程，提高水体溶解氧浓度的机械装置。

2.2 符号

BOD_5——五日生化需氧量；

COD——化学需氧量；

DO——溶解氧；

NH_3-N——氨氮；

O_2——氧气；

TN——总氮；

TP——总磷。

3 基本规定

3.0.1 河道生态治理项目技术工作流程宜包括项目前期策划、工程设计、工程施工、竣工验收、运营维护五个阶段。

3.0.2 河道生态治理应遵循"统筹规划、调查为先、功能明确、因地制宜、生态安全、人水共融"的原则。

3.0.3 河道生态治理应包含水体生态重构、水生态修复和滨水景观等内容。

3.0.4 河道生态治理工程所用的原材料、半成品、成品等，其品种、规格、性能应符合国家及地方有关标准的规定和设计要求，宜使用新技术、新材料、新工艺和新设备。不得使用国家明令淘汰、禁用的产品。

3.0.5 河道生态治理过程中产生的废气、废水、废渣以及其他污染物，应按国家、地方有关环境保护法规和规范的有关规定进行治理处置。

3.0.6 河道运营维护应以保护河道设施完整性、保持生态多样性、促进河道水质改善为目标，做到安全、环保、规范和高效。

4 现状调查

4.1 一般规定

4.1.1 河道生态治理应通过现状调查，识别河道主要生态环境问题，为河道生态治理实施方案提供科学依据。

4.1.2 现状调查应明确调查对象和河道范围，资料的收集范围不应小于治理范围。

4.1.3 现状调查应调查研究河道的现状、存在问题及成因，并形成调查报告。

4.1.4 河道生态治理工作应通过资料收集、现场调查等方式，分析河道的区域概况、水文气象、水环境、水生态等方面的基础资料，相关规划成果资料及历史监测资料。

条文说明

资料来源包括但不限于政府公布的数据、统计年鉴、地方志及有关数据库等资料。对资料缺乏地区可采用必要的补充调查、勘察和现场监测等方法收集资料。

相关规划成果资料包括城市总体规划、国土空间总体规划、环境保护规划、排水规划、河道规划、水资源规划、防洪排涝规划、海绵城市规划、绿地规划等。

4.2 区域概况

4.2.1 区域概况应包括下列内容：

1 地理位置，应主要包括河流名称、位置（经纬度坐标）、流域范围与边界、流域面积等。

2 地形地貌，应主要包括河道地貌特征、土地利用类型与面积、土壤类型与面积、植被类型与面积。

3 流域自然资源，应主要包括水资源、湿地资源、森林资源、矿产资源等。

4.2.2 地质调查应包括区域内地形地貌、地层岩性、地质构造、水文地质条件、不良物理地质作用及冻土特征等，还应对区域构造影响及场地构造稳定性进行评价。

4.2.3 河道水系调查应包括流域基本情况、水系形态、河网密度、河道水系连通状况、河道演变情况、河道水系历史变迁情况、小流域坡面侵蚀情况、水工建筑物状况及防洪排涝要求、排水功能和设计洪水重现期要求等。

4.2.4 社会经济调查应包括流域内行政区划、人口、经济水平、产业结构、特色产业和重点企业等。

4.2.5 历史文化调查应包括流域内涉水历史文化、民俗民风、人文古迹、河道水系景观和水文化基础设施等。

4.3 水文气象

4.3.1 水文气象调查应主要包括水文信息采集分析、气象信息采集分析、水资源状况调查等。

4.3.2 气象信息调查应包括气象站点分布及观测资料、降水、气温、湿度、风、日照、蒸发、冰凌等要素。

4.3.3 水文调查应包括流域调查，洪水及暴雨调查，丰、平、枯水期的水位、水深、流速、流量调查，生态流量、泥沙、潮位状况调查，补水来源及水量调查，河道深泓线、地下水位线等变化规律调查，以及周边水系的连通关系调查等。

4.4 生态环境

4.4.1 水环境调查应调查收集河道的水功能区划及水质管理目标。

4.4.2 水环境调查应调查收集河道水质状况资料，包括不同断面的水质指标、超标现象发生时段、持续时间、影响范围、时空变化规律及公众投诉情况等。无资料地区应开展必要的水质监测。

4.4.3 调查河道沿线排水系统设施状况，调查内容应主要包括排水体制、排放口位置、排放形式、污染物类型、排放浓度、排污许可情况等。

4.4.4 水环境调查应调查河道的污染程度、主要污染物、污染底泥厚度、颜色、嗅味、岸边垃圾、水生植物及其腐败情况等内容。

4.4.5 水生态调查对象应包括河岸带植被、水生植物、底栖动物、鱼类和浮游生物。

条文说明

水生植物、底栖动物、鱼类调查宜符合下列要求：

（1）大型水生植物调查应掌握区域内水生植物的种类、种群数量、分布格局、分布区类型和变化动态，分析各种威胁因素对水生植物多样性产生的影响。

（2）底栖动物调查应包括涡虫类（扁形动物门），线形类（线形动物门），线虫类（线虫动物门），寡毛类和蛭类（环节动物门），腹足类和瓣鳃类（软体动物门），甲壳类、水蜘蛛类和水生昆虫（节肢动物门），水螅类和水螅水母类（刺胞动物门）等种类及分布，并应分析人类活动和环境变化对其生存状况的影响。

（3）鱼类调查应包括鱼类物种多样性、群落和种群结构、早期资源补充、地理分布等，并应分析人类活动和环境变化对鱼类物种资源的影响。

4.4.6 河岸带调查范围应包括河道最高水位线和最低水位线之间的区域，可依据水陆联系特征适当向陆域和水域外延。调查内容应包括硬化岸线及河床的长度和面积、硬化厚度、硬化类型等硬化分布、边坡类型、绿化带、道路及景观休闲设施等。

4.5 现状分析

4.5.1 现状分析应根据河道工程范围内水资源、水安全、水环境、水生态的现状，分析区域内面临的主要问题及变化趋势。

4.5.2 现状分析应根据河道防洪功能的现状及存在问题，经济社会发展及气候水文变化对提高防洪能力的需求，分析说明建设河道生态治理工程对保障水安全的作用及效益。

4.5.3 河流水质、污染源现状调查应包括下列内容：

1 基于河流的水质调查结果，按照现行国家标准《地表水环境质量标准》（GB 3838），对河流的水质现状进行评价。

2 根据影响河道水质的主要污染源现状调查成果，结合地方规划发展情况，推算设计水平年的污染物排放量和入河量。

3 根据计算所得的纳污能力对比污染物排放量以及地方规定的污染物控制总量，计算污染物削减总量。

4.5.4 河道底泥分类分级应根据河道底泥污染物种类检测，给出主要重金属污染物、有机污染物含量检测结果，对河道底泥进行分类分级，并应对分类分级成果进行分析。

5 工程设计

5.1 一般规定

5.1.1 河道生态治理工程设计应根据流域总体规划和相关专项规划等，结合工程区域内社会、经济、环境情况及工程的实际，在现状调查研究的基础上，统筹考虑水资源、水安全、水环境、水生态、水景观等要求。

5.1.2 河道生态治理应明确治理目标，并应符合下列要求：
1 防洪标准应根据河道上位规划和治理对象确定。
2 治理后水质标准应符合环境保护规划、水功能区划要求。
3 功能定位应符合河道规划要求。

5.1.3 河道生态治理工程设计应根据治理目标，结合工程实施条件，因地制宜提出水体生态重构、生态修复和滨水景观等内容。对于水质不达标的入河排水口，应结合已有排水专项规划和海绵城市专项规划，对污染源采取源头减量、过程削减、末端强化相结合的方式进行总量控制。

条文说明

本条规定的目的，是为了降低入河污染物总量，维持河道良好的水质环境。

5.1.4 河道生态治理技术方案框架可按本规程附录 A 执行。

5.2 水体生态重构

I 平面与断面设计

5.2.1 河道水体生态重构宜遵循以下原则：
1 符合城市用地规划、水资源条件、防洪排涝和海绵城市建设目标要求，明确水体边界。
2 兼顾区域地形地貌、水系分布特征，恢复水体自然形态。
3 兼顾水体的生态与景观功能属性，改善河道生态和人居环境。

条文说明

水体、岸带和滨水区是水体综合功能实现的基本构成要素，水体平面布局应将水体、岸带、滨水区作为一个整体进行规划设计，协调好上下游、左右岸、岸上岸下的关系，打破专业的界限与壁垒，形成有机融合的整体。城市水体平面形态设计，不宜人为割裂水体和绿地，应按照水体水力特征，在蓝绿空间范围内自然冲淤平衡，恢复自然弯曲河岸线，形成蓝绿交织的平面形态。滨水生态空间可承载净化水质、蓄滞雨洪、落位设施、休闲娱乐等复合功能。

5.2.2 河道硬化和渠化的水体进行生态化改造可采取以下措施：

1 恢复蜿蜒曲折的自然岸线水体形态。

2 根据水体不同区段的功能属性分别设置不同的断面形式，可采取硬化与生态相结合的方式保障水安全功能和恢复水生态系统。

3 优选生态护岸形式恢复岸带生态空间连续性，营造水体-岸带生物多样性的生态系统。

4 根据排水防涝要求，预留水体横向扩展空间，以应对水体流量和形态的动态变化。

条文说明

部分水体治理工程存在将原生态护岸硬化和水体渠化的情况，对水体自然形态和水生态系统造成严重破坏，宜在保障排水防涝、公众和设施安全的前提下，尽量恢复为生态型护岸。城市水体断面设计宜保持或恢复河道的自然状态，营造多样的生境空间，以利于恢复自然生态环境，提升水体自净能力；感潮河段生态设计应满足咸淡水交换对适生植物的要求。

5.2.3 水动力条件改善可采用设置复合断面、调整坡度等措施，并宜符合下列要求：

1 因地制宜采用复合式、宽浅式、斜坡式断面形式，适应水量和水位动态变化，如图5.2.3所示。

2 保持或恢复河道底部原有的天然坡度，当河道天然坡度难以保持河床稳定时，可适当优化河道纵坡。

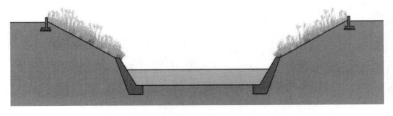

a)复合式

图 5.2.3

b)宽浅式

c)斜坡式

图5.2.3　典型断面形式示意图

条文说明

　　通过设置水体复合断面以及适当变化的纵坡，维持不同流量和水位下的生态基流，可促进水体自净能力提升，构建健康稳定的生态系统。

　　应结合水体所在区域地理位置、可利用水资源量、排水防涝要求和降雨特征，合理地进行水体断面选型和设计。水资源紧缺型城市水体宜采用复合式断面结构，旱季低水位运行，可提高生态基流；雨季应预留水位升高空间，保障排水防涝要求。水资源充沛型城市水体旱季常水位波动不明显，原有矩形或斜坡式断面结构，可尽量降低旱季运行水位，防止河水倒灌及满足雨季排水防涝要求。亦可选择复合式断面结构，下断面可按梯形或矩形设计，上断面和人行步道可按硬化结构设计，并应设置护栏等必要的安全防护设施，以提高人类活动空间的安全性。

5.2.4　河道横断面设计应主要包括以下内容：

　　1　根据河道基本功能要求，确定河槽底宽及底高程。

　　2　根据河道地质和水文等条件，确定水下开挖或疏浚边坡。

　　3　确定水下平台、护岸、堤防、缓冲带等河道相关整治工程和生态工程各部位的竖向高程及横向尺度。

　　4　根据河道平面或岸线形态保持要求，确定深槽、浅滩、边滩、生态沟渠、支流、汊道、沙洲、水槽、生态沟渠及其他生态修复工程的断面布置范围及其相关尺度。

条文说明

　　河道复合式断面的主槽糙率和滩地糙率应分别确定。河道过水断面湿周上各部分糙率不同时，应求出断面的综合糙率，当沿河长方向的变化较大时，尚应分段确定糙率，从而进行必要的河道水力计算。

5.2.5 河道纵断面布置应根据相关水力计算、河床演变分析等成果，在不影响河道行洪的基础上，适度形成深浅交替的浅滩和深槽，构建急流、缓流和滩槽等丰富多样的水流条件及多样化的生境条件。

条文说明

结合河道纵向基底特征及竖向高程，可进行局部水下微地形的改造及生态蓄水工程建设，如构建局部砾石（抛石）河床、人工鱼巢、生态潜堤、蓄水闸坝等，形成多样性的河床基底及流态，改善河道纵断面生境条件。

5.2.6 河道走向应遵循河湖水系的自然规律，恢复和保持河湖水系的自然连通，构建河道良性水循环系统。

5.2.7 河道平面设计应统筹绿色与灰色设施布局，实现水体与市政排水、绿化景观、道路交通等系统的有机融合，构建韧性蓝绿灰网络。

5.2.8 河道功能设计应构建具有水质净化、排水防涝、休闲娱乐等复合功能的滨水生态空间，弹性应对外界干扰。

Ⅱ 护 岸 工 程

5.2.9 护岸工程设计应兼顾水文、地质、区位、社会经济发展水平、景观建设目标等要求，构建完整岸带生态空间。

5.2.10 岸带构建宜优先考虑生态护岸，以下情况可选择硬质护岸：
1 河道狭窄，用地紧张，地形条件限制严格。
2 水体岸线存在建筑物且无法拆除，阻碍横向扩展空间。
3 位于城市核心商务区，对安全性有更高的要求。

5.2.11 河道生态护岸构建宜遵循以下原则：
1 具有足够的抗冲刷能力，保障周边建筑、道路、管线等市政基础设施安全。
2 河岸易冲刷段应采取加固防护措施，并与景观功能结合。

5.2.12 生态护岸构造形式应符合下列要求：
1 生态护岸结构形式应根据自然条件、材料来源、使用要求和施工条件等因素，经技术经济比较确定。
2 生态护岸构造形式分为斜坡式、阶梯式、直立式、复合式及综合式。

3 生态护岸的构造尺度、竖向设计高程、建筑材料使用要求及相关验收标准等应符合行业现行有关标准的规定。

条文说明

生态护岸主要形式有植生土坡、生态格网、生态袋、生态混凝土、开孔式混凝土砌块、干砌块石、网垫植被、叠石、抛石等。各类生态护岸适用性见表5-1。

表5-1 生态护岸适用性统计表

护岸材料类型	适用条件	适用范围	优点	缺点
植生土坡	坡度在1：2.5及更缓时使用，河道流速一般不大于1.0m/s	护坡	生态亲和性佳	不耐冲刷、不耐水淹
生态格网	河道流速一般不大于4m/s	挡墙、护坡	抗冲刷、透水性强、施工简便、生物易于栖息	水生植物恢复较慢
生态袋	河道流速一般不大于2m/s	挡墙、护坡	生态环保、地基处理要求低、施工和养护简单、绿化效果好	耐久性、稳定性相对较差，常水位以下绿化效果较差
生态混凝土	河道流速一般不大于3m/s	挡墙、护坡	抗冲刷、透水性较强	生物恢复较慢
开孔式混凝土砌块	河道流速一般不大于3m/s，坡比在1：2及更缓时采用	护坡	整体性、抗冲刷、透水性好、施工和养护简单	生物恢复较慢
干砌块石	对坡比及流速一般没有特别要求，可适用于高流速、岸坡渗水较多的河道	护坡	抗冲刷、透水性强、施工简便	生物恢复较慢
网垫植被	坡度在1：2及更缓时使用，河道流速一般不大于2m/s	护坡	生态亲和性较佳	材料耐久性一般，植物网的回收及降解、二次污染
叠石	对坡比及流速一般没有特别要求，适用于冲蚀严重的河道	挡墙	施工简单、生物易于栖息	水生植物恢复较慢
抛石	坡度在1：2.5及更缓时使用	护坡	抗冲刷、透水性强、施工简便	在石缝中生长植物，植物覆盖度不高

典型的护岸结构构造形式及设计技术理念可参照下列要求：

（1）仿自然护坡的斜坡式或阶梯式结构形式

一般可采用木桩、沉枕、柴捆和栅条等材料组成可抵挡水流、波浪冲刷及植物生存空间的结构，基本保持原有河道岸坡形态，保持相对稳定的原河道生态环境，并满足岸坡防护的要求，仿自然护坡阶梯式结构形式示意见图5-1。

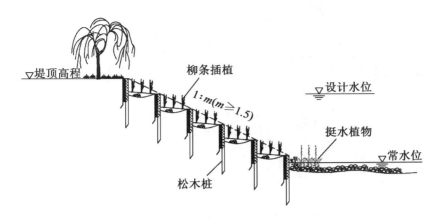

图5-1　仿自然护坡阶梯式结构形式示意图

（2）抛石防护斜坡式结构形式

一般利用自然的卵石或块石，自然抛置成具有防护效果的结构层，抛石结构层可以直接在岸坡上形成，亦可在岸坡和其之间形成一定宽度的水域。利用抛石的自然缝隙保持水体与土体的相互涵养，并为生物提供生存的空间，同时满足岸坡防护要求，抛石防护斜坡式结构形式示意见图5-2。

图5-2　抛石防护斜坡式结构形式示意图

（3）生态材料防护斜坡式结构形式

利用植草空心砌块、自锁砌块、生态混凝土（球、块、砖）、格宾石笼基床等作为护面材料，错缝砌筑，形成斜坡或阶梯状，利用结构体抵抗水流或船行波对岸坡的冲刷，利用结构体本身及空心筒内的土壤为生物提供友好的生存空间，并满足水土相互涵养的需求，优化传统重力式护岸墙壁隔绝水土相互涵养的硬质界面，见图5-3。

（4）直立式结构形式

一般情况下，生态护岸不宜采用直立式结构。当不可避免时，宜根据河道特征条件，在直立式墙壁前构造有利于水生植物生长的基础。通过采用袋装生态复合土、生态石笼、植物基床等，在岸边营造小型的抬升式、水沟式或悬挂式断面，创造局部适合水生植物生长的物理基础，恢复沿岸挺水植物，优化直立式护岸的岸边生态环境。此外，对于不可避免采用直立式结构的护岸，可从护岸结构材料类型上采用新型砌块结构，提高护岸墙身的透空率和植物根系的生长空间，见图5-4。

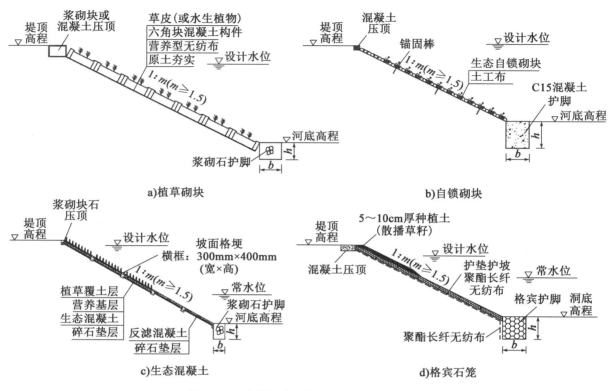

a)植草砌块　　　　　　　　　　b)自锁砌块

c)生态混凝土　　　　　　　　　　d)格宾石笼

图5-3　生态材料防护斜坡式结构形式示意图

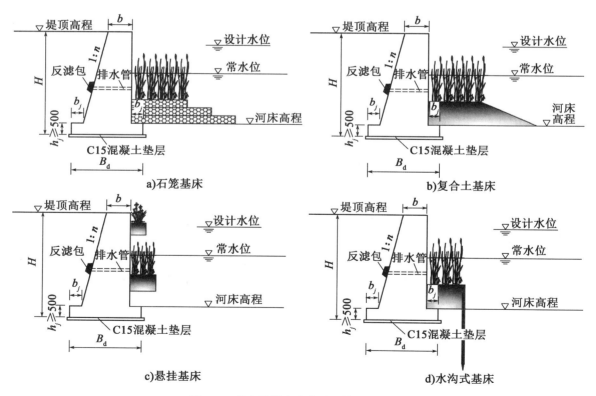

a)石笼基床　　　　　　　　　　b)复合土基床

c)悬挂基床　　　　　　　　　　d)水沟式基床

图5-4　直立护岸生态化改造结构示意图

（5） 复合式结构形式

一般可分为下直上斜型、斜直斜式。在河道宽度受到限制的情况下，宜利用圆木桩、板式墙体或挡墙等形成下部直立的防护结构，并可设置供水土相互交换和涵养的空隙，上部斜坡区域则采用仿自然护坡结构。当有条件改善直立式挡墙的高度，宜考虑斜直斜式结构，并宜通过开孔透水提升直立挡墙段的透水性，提供生态环境价值，复合式护岸结构示意见图5-5。

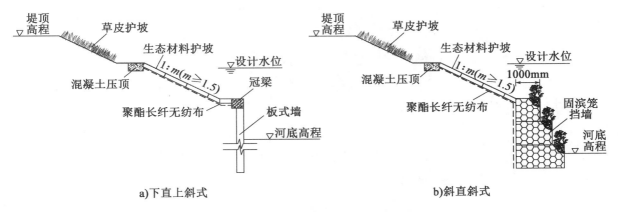

图 5-5　复合式护岸结构示意图

（6） 综合式结构形式

护岸结构主体一般由防护带、生态湿地（或水槽）带、仿自然岸坡带三部分组成。防护带结构设计宜采用利于生物栖息的小型抛石堤、连排木桩等，结构顶高程一般在常水位以上30cm，尚应根据河道实际水位变幅进行综合分析确定。生态湿地（或水槽）带须适应挺水植物、浮水/叶植物、亲水湿生植物的生长演替，提供生物栖息、产卵和繁殖的空间。仿自然岸坡带可由植物形成具有一定防护作用的自然型岸坡，营造水域到陆域的斜坡过渡环境，且满足水陆生态系统的自然衔接要求，综合式护岸结构示意见图5-6。

图 5-6　综合式护岸结构示意图

5.2.13　生态护岸安全稳定应符合现行行业标准《水利水电工程边坡设计规范》（SL 386）和现行国家标准《堤防工程设计规范》（GB 50286）的有关规定，并应符合下列要求：

　　1　设有桩基的护岸，应计算桩基内力和桩基承载力，确定桩基规格和桩长。

　　2　当护岸邻近已有建（构）筑物和设施时，护岸建成投入运行后不得对周边已有建（构）筑物和设施造成影响，不应影响其结构安全。

　　3　当护岸邻近已有建（构）筑物和设施时，护岸施工不得对周边已有建（构）筑物和设施造成影响。

　　4　护岸墙后基槽回填设计应根据护岸结构尺度及对护岸整体稳定、渗透稳定、结构内力和变形的控制要求。

　　5　护岸结构形式应根据河道断面形式、沿线岸坡挡土高度、工程地质等自然条件、施工条件、邻近建（构）筑物和设施等环境条件，以及工期、防汛、生态、环境协调等要求，经论证确定。

5.2.14　生态护岸工程混凝土抗冻等级应符合现行行业标准《水工混凝土结构设计规范》（SL 191）的有关规定。

5.2.15　生态护岸工程宜设置截排水措施。砌块型生态护坡应设置镇脚，坡顶或戗台边缘宜设置封顶。

5.2.16　生态护岸护坡层与基体之间宜设置滤水保土、保湿或整平的过渡垫层。垫层可采用砂、砾石或碎石、石渣和土工织物，砂石垫层厚度不应小于0.1m。风浪大的河段护坡垫层可适当加厚。

5.2.17　护岸的加固防护措施可与以下景观休闲设施结合：

　　1　设置能够承受一定水位波动、公众可与水亲密接触的堤岸台阶。

　　2　在水体岸线铺设既可增加公众亲水的灵活性与参与性也可在排涝期间有效消能的卵石、脚踏石等，形成凸岸沙石滩。

　　3　构建具有较大操作空间、公众可进行休闲娱乐活动的亲水宽平台、分级平台、栈桥、步道等。

　　4　布设允许淹没的滨河栈道、河岸走廊等，增加公众漫步水边的体验，但应配备高水位标识和耐水淹植物。

5.2.18　岸带宜预留生态补水、取水设施所需空间和清淤底泥输送通道。

Ⅲ　水工建（构）筑物设计

5.2.19　水工建（构）筑物布局时，应协调下列内容：

　　1　涉水建（构）筑物与水系的关系。

　　2　各类涉水建（构）筑物布局之间的关系。

条文说明

水工建（构）筑物设计的核心是协调涉水工程与水体的关系，涉水工程之间的关系，充分考虑水体的平面、竖向关系，同时也需考虑对滨水区的功能、设施的影响，实现彼此的协调、相辅相成。

5.2.20 河道水工建（构）筑物宜包括以下内容：

1 闸、坝等控导设施。

2 泵站及其他防洪排涝设施。

5.2.21 水工建（构）筑物设施宜符合下列要求：

1 满足河流水文泥沙特性、河床边界条件、河道整治工程总体布置要求。

2 合理利用河道水体竖向空间，促进水系连通和健康循环。

3 壅水高度应满足排水防涝要求，不得出现河道顶托和排水不畅。

4 不应影响水生物种迁移。

5.3 水生态修复

I 排水口治理

5.3.1 河道排水口治理应在全面调查的基础上，针对不同类别排水口存在的具体问题，因地制宜采取封堵、截流、防倒灌等综合治理措施，对排水口实施改造，并应符合下列要求：

1 分流制污水应接入城镇污水处理系统，不得接入雨水管道，并对直排排水口进行封堵。

2 分流制雨水直排排水口，可在排水口前或在系统内设置初期雨水调蓄设施。

3 合流制排水口改造时，应增设污水截流管道或设置调蓄池，合理选取截流倍数，将截流污水接入污水处理系统，旱天不得向水体溢流污水。

条文说明

沿河排水口类型多种多样，需要对排水口的排水性质全面调查，并采取有针对性的改造措施。截流井溢流水位，应在接口下游洪水位或收纳管道设计水位以上，以防止下游水倒灌，否则溢流管道上应设置闸门等防倒灌设施。设计中还应考虑防倒灌的排水阻力，使溢流管满足上游雨水设计流量的顺畅排放。排水口采用的新技术、新设备可参照《城市黑臭水体整治—排水口、管道及检查井治理技术指南（试行)》执行。排水口的形式宜结合河道驳岸形式及滨水景观要求进行改造。

本条第1款的规定，是由于现状未纳入市政管道的污水直排管道，需在末端进行截流，污水截流时需分析拟排入管网的输送能力和污水处理厂的冗余处理能力，若拟排入管道的输送能力不足时，则需要进行改造，下游接入污水处理厂或临时收集处理设施。

本条第 2 款的规定，是因地面清扫、浇洒、绿化、餐饮、洗车等通过雨水口的非直接接入污水和初期雨水，分流制雨水直排排水口在旱天和降雨初期的排放会给收纳水体带来污染。

本条第 3 款的规定，是由于合流制排水区域污水处理厂具有一定的雨季处理能力时，应在保障污水处理厂稳定运行达标排放的情况下，恢复并提高截流倍数，适当增加降雨期间的处理水量。污水量的计算及截流倍数的选取参照现行国家标准《室外排水设计标准》（GB 50014）执行。

5.3.2　对排污口已达标排放，但水体水质仍不能满足水功能区水质目标的河道，应根据水质超标因子选择不同类型的净化技术进行入河前处理，削减进入河道的污染物。

5.3.3　河道沿线应清除水体沿线的垃圾堆放点，在水体沿线雨水口或合流制溢流口宜设置垃圾拦截和清捞设施。

条文说明

河道沿线彻底清除水体沿线的垃圾堆放点，在水体沿线雨水口或合流制溢流口设置垃圾拦截和清捞设施的目的是防止雨季沿线垃圾和漂浮物入河。

Ⅱ　生 态 清 淤

5.3.4　生态清淤应系统评估水体历史积存底泥的泥质、深度、护岸结构、水体生态系统状况等，合理实施底泥污染物清淤处理措施。

5.3.5　生态清淤应根据河道现状底泥的勘测、污染状况调查评价结果、现场的施工条件、清淤设备性能、经济可行性、安全性、生态性等因素选取适宜的清淤方式。清淤方式可分为干式、半干式和湿式，清淤方式适用条件可按表5.3.5确定。

表5.3.5　清淤方式适用条件

序号	清淤方式		适用条件				
			河道类型			河道水量	
			小型河道	中型河道	大型河道	小	大
1	干式	干土挖掘	√	√	×	√	×
2	半干式	水力冲填	√	√	×	√	×
3	湿式	浮筒式泥浆泵	√	√	×	√	×
		绞式挖泥船	×	√	√	×	√
		耙式挖泥船	×	×	√	×	√

表 5.3.5（续）

序号	清淤方式		适用条件				
			河道类型			河道水量	
			小型河道	中型河道	大型河道	小	大
3	湿式	链斗式挖泥船	×	√	√	×	√
		射吸式挖泥船	×	√	√	×	√
		抓斗式挖泥船	×	√	√	×	√
		斗轮式清淤船	×	√	√	×	√
		冲挖式清淤船	√	×	×	√	×
		绞吸式生态清淤船	√	√	√	√	√

注：1. 表中"√"表示适用，"×"表示不适用。
　　2. 小型河道指河流面积小于或等于 6.67km² 的河道；中型河道指河流面积在 6.67~200km²（不包括 6.67km²）的河道；大型河道指河流面积大于 200km² 的河道。
　　3. 清淤方式的选择应结合工程实际情况进行确定。

5.3.6　清淤范围应根据工程区底泥调查结果、底泥污染物的分类标准、经济性和安全性等综合确定。

5.3.7　清淤深度应根据工程区底泥调查结果，对污染底泥进行分层，通过各层污染物释放分析，确定污染风险大的底泥层和清淤深度。底泥清除的同时应满足河道生态功能要求，为水生生物提供必要的生长繁衍条件。

5.3.8　淤泥堆场的选择应结合项目产生的淤泥量、所需堆场容积和环境保护要求等因素确定。

条文说明

　　淤泥堆场设计可参考《湖泊河流环保疏浚工程技术指南》（环办〔2014〕111 号）的相关规定。河道底泥向堆场运输的方式可采用车辆运输、船舶运输、管道运输或组合运输方式等，具体应结合清淤方式、淤泥量、淤泥堆场位置及周边环境等因素综合确定。

5.3.9　底泥处理宜分为底泥筛分、底泥预处理、底泥脱水和底泥固化，并应符合下列要求：

　　1　底泥筛分宜对底泥中有机类垃圾、无机类垃圾以及余砂进行分选处理。

　　2　底泥预处理宜初步调整底泥特性，并满足后序深度处理的要求。

　　3　底泥脱水可采用自然干化、土工管袋及机械法。底泥脱水方式的选择应结合淤泥中污染物含量、淤泥含水率、脱水时间、自然条件等因素综合确定。底泥脱水方式的经济比选可按表 5.3.9 确定。

表5.3.9 底泥脱水方式的经济比选

序号	脱水方式		占地面积	脱水周期	能耗	干泥含水率	成本
1	自然干化		较大	长	低	较高	低
2	土工管袋		较小	较长	较高	较低	较高
3	机械法脱水	离心脱水	小	较短	高	较高	高
		带式压滤机	小	较短	高	较高	高
		板框压滤机	小	较短	高	较低	高

4 当底泥污染物检测结果高于当地土壤环境背景值水平时，应进行固化处理，宜选用化学固封或钝化、生物修复等方法降低底泥污染物水平。

5.3.10 底泥处置应遵循"减量化、稳定化、无害化、资源化"的原则，处置方式结合地方实际情况进行选择，可包括农田综合利用、焚烧利用、低温热解利用、建筑材料利用及土地填埋等。选择处置方式时，质量应符合国家及地方的标准规定。

Ⅲ 人 工 湿 地

5.3.11 人工湿地治理应遵循生态优先、因地制宜和绩效明确的原则，并应符合下列要求：

1 人工湿地治理应优先利用自然或近自然的生态方式，通过湿地生态系统中物理、化学、生物等协同作用提升水体的生态品质，不宜采用投加药剂等强化措施净化水质，并应选择本土植物。

2 人工湿地治理应根据当地气温、降雨、地形地貌、土地资源等情况，选择人工湿地的场址、布局、工艺、参数、植被等，宜利用坑塘、洼地、荒地、城镇绿化带、边角地等开展人工湿地建设。

3 人工湿地治理应加强进出水监管，明确污染物削减要求。坚持建管并重，健全运行维护机制，保障运行维护经费，实现长效运行。

5.3.12 人工湿地进水水质应从水生态环境目标、水污染物排放标准、社会经济情况、用户需求、湿地处理能力等因素综合确定。当处理对象为集中式污水处理厂出水时，人工湿地进水应达到当地污水处理厂水污染物排放标准。当处理对象为河水时，人工湿地进水应优于当地污水处理厂水污染物排放标准。

5.3.13 人工湿地出水水质应达到受纳水体水生态环境保护目标要求。当有再生水回用需求时，人工湿地出水水质应满足再生水回用用途要求。

5.3.14 人工湿地类型可选用表面流人工湿地和潜流人工湿地，其工艺比选可按表5.3.14确定。

表5.3.14　人工湿地工艺比选

指标	人工湿地类型			
	表面流人工湿地	潜流人工湿地		
		水平潜流	上行垂直流	下行垂直流
水流方式	表面漫流	水平潜流	上行垂直流	下行垂直流
水力与污染物削减负荷	低	较高	高	高
占地面积	大	一般	较小	较小
有机物去除能力	一般	强	强	强
硝化能力	较强	较强	一般	强
反硝化能力	弱	强	较强	一般
除磷能力	一般	较强	较强	较强
堵塞情况	不易堵塞	有轻微堵塞	易堵塞	易堵塞
季节气候影响	大	一般	一般	一般
工程建设费用	低	较高	高	高
构造与管理	简单	一般	复杂	复杂

条文说明

人工湿地剖面示意图如图5-7～图5-9所示。

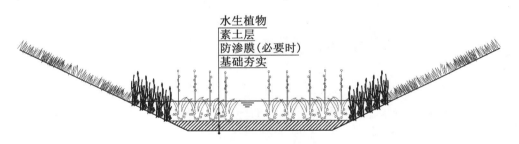

图5-7　表面流人工湿地剖面示意图

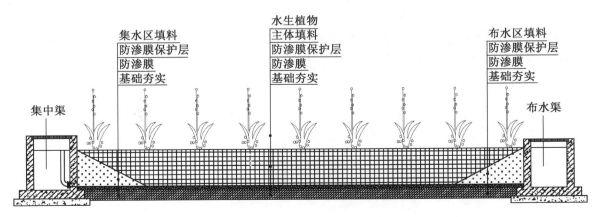

图5-8　水平潜流人工湿地剖面示意图

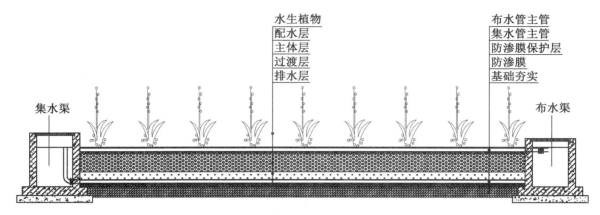

图 5-9 垂直潜流人工湿地剖面示意图

5.3.15 人工湿地场址选择应因地制宜，可按下列要求选择：

1 在河流支流入干流处、河流入湖（库）口、重点湖（库）滨带、河道两侧的河滩地等，宜选择表面流人工湿地；用地紧张或河水质较差且水生态环境目标较高时，可选择建设潜流人工湿地。

2 在蓄滞洪区、采煤塌陷地及闲置洼地，可因地制宜建设旁路或原位表面流人工湿地。

3 在大中型灌区农田退水口下游，可选择以表面流人工湿地为主建设人工湿地群。

4 在城镇绿化带，可考虑建设潜流人工湿地；在城镇边角地等地形受限处，可建设与地形相适应的表面流人工湿地。

5.3.16 人工湿地主要设计参数应基于气候分区，通过试验或按相似条件下人工湿地的运行经验确定。

5.3.17 人工湿地的几何尺寸、集布水系统、填料选择、植物种植、地基处理设计及二次污染控制措施，应符合人工湿地设计规范的有关规定。

Ⅳ 生 态 浮 岛

5.3.18 生态浮岛应采用环境友好型材料在水体中搭建水生植物种植和生长平台，并应具有水质净化、创造生境、改善景观等作用。

5.3.19 生态浮岛应选择耐受性强、使用寿命长的有框湿式浮岛。可由若干个单体组成，每个单体边长为 1～5m，可采用三角形、四方形或者六边蜂巢形等形状。

5.3.20 生态浮岛应根据水体流道宽度和河岸带植物景观进行配置，其植物可选择观花植物、观叶植物错位搭配，体量较小、株高较低的植物进行点缀。

5.3.21 生态浮岛置入水中应进行固定，岸边浮岛可采用锚钩式或绳索牵拉式进行固定，离岸较远的浮岛可采用锚钩式或沉水重物牵连式固定。

5.3.22 生态浮岛可按水生植物配置原则，通过植物的色彩、线条以及姿态组景、造景。水生植物在浮岛上的面积不应小于 80%。植物繁殖过度时，应采取种群疏散、捕捞、围护、切边、防治种籽自播等措施进行处理。

V 水 生 植 物

5.3.23 河道生态治理的水生植物，应适用于流速缓慢、河岸带缓坡、水深小于 3m 的水质改善型河道中，植物的选择应以本土物种为主，且并应具备耐污、抗污、治污净化功能、耐冲、根系发达、根茎繁殖能力强，常绿或驯化后具有一定的美化景观效果及一定经济价值等特点。植物的选择应以本土物种为主，构建较强的自我维持及稳定的水生态系统，并考虑植物的耐冲性。

5.3.24 河道生态治理的水生植物可分为挺水植物、漂浮植物、浮叶植物和沉水植物四种类型，水生植物特性可按本规程附录 B 确定。

5.3.25 挺水植物应选择河流所在地常见植物，种植面积宜按河流岸带恢复区的水面面积 20% 确定。

5.3.26 挺水植物的搭配应符合下列规定：
1 当污染河水和污染源中氨氮或总磷浓度偏高时，应选用氮或磷吸收能力强的植物进行搭配。
2 当与挺水植物搭配使用时，可选择 3~4 个种类。
3 当挺水植物用于滨岸带时，植物种植密度宜为 9~12 株/m²。

5.3.27 漂浮植物种植密度宜为 20~30 茎/m²；浮叶植物的种植密度宜为 10~20 株/m²。

5.3.28 沉水植物应选择不同季相的种类恢复河流生态系统，种植面积宜按恢复河段水面的 10% 确定。初期种植时宜选择水深或透明度不大于 30cm 的水域种植，种植密度宜为 20 株/m²。

VI 水 生 动 物

5.3.29 水生动物的修复应遵循低等向高等的进化修复原则，并应首先开展沉水植物生态修复，然后开展浮游动物和底栖动物生态修复，待群落稳定后，引入本地肉食性鱼类。

5.3.30 浮游动物的投放应以河道中藻类控制为目标，双壳类底栖动物的投放应以河道中藻类和有机碎屑控制为目标。

5.3.31 底栖动物应选择河流所在区域常见物种，投放面积宜按河流岸带恢复区的水面 10% 确定，底栖动物应选择不同的种类，水生昆虫、螺类、贝类等总投放密度宜为 50～100 个/m²，杂食性虾类和小型杂食性蟹类总投放密度宜为 5～30 个/m³。

5.3.32 鱼类投放应选择滤食性鱼类，控制河道浮游动物的密度，并应辅以部分草食性鱼类和杂食性鱼类。

条文说明

鱼类投放应选择滤食性鱼类，并应辅以部分草食性鱼类和杂食性鱼类，是为了平衡河道沉水植物、底栖动物及有机碎屑的含量。

VII 增氧曝气

5.3.33 水体需氧量应根据水体类型、水质现状及治理目标进行确定。计算方法可包括组合推流式反应器模型、箱式模型和耗氧特性曲线法。

5.3.34 增氧曝气设备特性可按本规程附录 C 确定。

5.3.35 增氧曝气设备的选择应符合下列规定：
1 氧曝气设备应以增氧、造流、削减污染物为主要目的。
2 氧曝气设备应根据曝气河道水质改善的要求、河道自然条件、河段功能要求、污染源特征的不同进行选择。
3 氧曝气设备应有消除曝气产生的泡沫的设施，并与周周环境相协调。

条文说明

曝气设备的选择应根据需曝气河道水质改善的要求（如消除黑臭、改善水质、恢复生态环境）、河道条件（包括水深、流速、河道断面形状、周边环境等）、河段功能要求（如航运功能、景观功能等）、污染源特征（如长期污染负荷、冲击污染负荷等）的不同进行选择。

VIII 水动力改善

5.3.36 水动力改善可采取运行水位控制、水系连通、生态补水、活水循环等措施。

条文说明

水动力改善可采取运行水位控制、水系连通、生态补水、活水循环等措施，是为了保障水体生态基流和换水周期，提高水体自净能力。

5.3.37 河道水位确定宜遵循以下原则：

1 水体常水位设置应兼顾周边污水管道或合流制管道设计旱季水位，不得因水位差导致的清水入渗污水管道或污水外渗入河。

2 可利用水资源量相对不足的水体宜适当降低旱季的运行水位，可在相对较小补水量的情况下保障生态基流。

3 水系发达、水资源充沛的地区，水位设置应保障雨季的排水防涝能力。

5.3.38 通过水系连通措施提高水体流动性时，宜遵循以下原则：

1 应分析不同区域水质，确定水系连通方案，降低不同水系互联互通导致的生态风险。

2 采取水系连通、生态补水等工程措施前，应完成控源截污工程。

3 水资源严重不足的地区，不宜通过水系连通将有限的水资源引流至长期干涸的行洪河道。

4 干旱地区应系统测算水体水量平衡，保证下游生态基流和生态功能。

5 可对现有河道闸坝等设施进行功能性调整，改善水体流动性，保障水体生态基流和换水周期。

5.3.39 水动力改善应在流域尺度下制定水系生态连通方案，进行河湖水系连通性空间景观格局配置，优化河湖水系生态连通格局，制定工程措施与非工程措施。

条文说明

水系连通可采用工程措施包括生态清淤、新建河道、鱼道设施建设、闸坝改造、仿生式多组合生态净水堰等，河湖通道恢复、堤防后靠、滩区小微水体连通、开口式堤防等；非工程措施包括水库调度优化、水闸调度优化、岸线和滩区保护等。

5.3.40 生态补水工程应满足生态保护目标的需求，并应优先利用再生水、污水处理设施的达标出水和经收集处理的雨水作为生态补水水源。

5.3.41 水动力改善可在水体下游区域设置提升、输送和水质净化设施，强化水体循环。

5.4 滨水景观

I 一般规定

5.4.1 滨水景观总体设计应对功能分区、地形布局、园路及亲水平台、植物布局、建（构）筑物布局、配套设施布局及工程管线系统等进行综合设计，并应结合现状条件和竖向控制，协调滨水绿地功能、设施及景观之间的关系。

5.4.2 滨水景观应结合水体进行平面与断面设计，布局应有利于打造公众共享空间。滨水绿化范围内宜布置为公共绿地、设置休闲道路设施。

5.4.3 竖向布局应合理利用水体竖向空间，统筹地形，地形布局应在满足景观塑造、空间组织、雨水控制利用等功能要求的条件下，合理确定场地的起伏变化、水系的功能和形态，宜在场地内进行平衡土方；并应根据周围场地竖向规划高程和排水规划，提出滨水区内地形的控制高程和主要景物的高程。

条文说明

滨水景观区地形及主要景物应提出场地内坡顶、坡底高程，主要挡土墙高程，最高水位、常水位、最低水位高程，水底、驳岸顶部高程，园路主要转折点、交叉点和变坡点高程，桥面高程，公园各出入口内、外地面高程，主要建筑的屋顶、室内和室外地坪高程，地下工程管线及地下建（构）筑物的埋深，重要景观点的地面高程等。

5.4.4 滨水景观设计应优先利用滨水区绿地或景观带改造，通过海绵设施的自然渗透、净化与调蓄，形成滨岸缓冲带，有效控制降雨径流污染。

5.4.5 滨水景观设计应确定游人容量，作为计算各种设施的规模、数量及滨水景观区管理的依据。游人容量指标宜按现行国家标准《公园设计规范》（GB 51192）执行。

II 滨水园建工程

5.4.6 滨水景观工程在规划、设计、建设、管理中宜融入水文化要素，地域特色文化及历史文脉应融入景观小品设施，并应与地域风貌相协调。

条文说明

本条规定的滨水景观工程在规划、设计、建设、管理中宜融入水文化要素，其目的是提升河道及滨河景观的文化内涵，以体现城乡文化脉络。本条规定的地域特色文化及历史文脉应融入景观小品设施，并应与地域风貌相协调，是为了展现地域特色。

5.4.7 河道滨水风貌及主体功能区宜根据功能区设置游憩设施、服务设施、管理设施。景观设施的风格、位置、规模、造型、材料、色彩、高度和空间关系及其使用功能应符合总体设计及布局的要求，并应根据功能、景观要求和市政设施条件确定。

5.4.8 滨水景观的园路与亲水平台设计应按游览、观景、交通、集散等需求，与地形、水体、植物、建（构）筑物及相关要素及设施相结合，建设连续通畅的交通网络系统，沿河道滨水岸线应根据功能要求打造园路系统，连接各个景观节点，结合景观节点可设置亲水平台，提高滨水空间的通达性及亲水性。

5.4.9 园路设置应符合下列规定：
1 根据总体设计要求进行园路宽度、平面和纵断面线形以及结构设计。
2 主园路应具有引导游览和方便集散的功能。
3 园路宜分为主路、次路、支路、小路等级。
4 园路坡度应结合整体竖向规划满足排水需求。纵、横坡坡度不应同时为零。
5 园路及出入口应便于轮椅通过，其宽度、坡度及面层的设计应符合现行国家标准《无障碍设计规范》（GB 50763）的有关规定。

5.4.10 亲水平台设置应符合下列规定：
1 游人大量集中的亲水平台应与主园路顺畅连接，并便于集散。
2 不同功能、不同人群使用的亲水场地应分别设置。
3 安静休息区与喧闹区之间应利用地形或植物进行隔离。
4 人流量密集区、主园路及城市干道之间的亲水场地，宜用植物或地形等构成隔离地带。
5 游憩亲水平台场地宜有遮荫措施，夏季庇荫面积宜大于游憩活动范围的50%。

5.4.11 滨水景观设施项目设置，宜按表5.4.11执行，其规模、数量应以游人容量为依据，宜按现行国家标准《公园设计规范》（GB 51192）执行。

表 5.4.11　滨水景观设施项目设置

设施类型	设施项目	陆地面积 A_1（hm²）						
		$A_1 < 2$	$2 \leq A_1 < 5$	$5 \leq A_1 < 10$	$10 \leq A_1 < 20$	$20 \leq A_1 < 50$	$50 \leq A_1 < 100$	$A_1 \geq 100$
非建筑类游憩设施	棚架	○	●	●	●	●	●	●
	休息座椅	●	●	●	●	●	●	●
	游戏健身器材	○	○	○	○	○	○	○
	活动场	●	●	●	●	●	●	●
	码头	—	—	—	○	○	○	○

表 5.4.11（续）

设施类型	设施项目	陆地面积 A_1 （hm²）						
		$A_1 < 2$	$2 \leqslant A_1 < 5$	$5 \leqslant A_1 < 10$	$10 \leqslant A_1 < 20$	$20 \leqslant A_1 < 50$	$50 \leqslant A_1 < 100$	$A_1 \geqslant 100$
建筑类游憩设施	亭、廊、厅、榭	○	○	●	●	●	●	●
	活动馆	—	—	—	—	○	○	○
	展馆	—	—	—	—	○	○	○
非建筑类服务设施	停车场	—	○	○	●	●	●	●
	自行车存放处	●	●	●	●	●	●	●
	标识	●	●	●	●	●	●	●
	垃圾箱	●	●	●	●	●	●	●
	饮水器	○	○	○	○	○	○	○
	园灯	●	●	●	●	●	●	●
	公用电话	○	○	○	○	○	○	○
	宣传栏	○	○	○	○	○	○	○
建筑类服务设施	游客服务中心	—	—	○	○	●	●	●
	厕所	○	●	●	●	●	●	●
	售票房	○	○	○	○	○	○	○
	餐厅	—	—	○	○	○	○	○
	茶座、咖啡厅	—	○	○	○	○	○	○
	小卖部	○	○	○	○	○	○	○
	医疗救助站	○	○	○	○	○	●	●
非建筑类管理设施	围墙、围栏	○	○	○	○	○	○	○
	垃圾中转站	—	—	○	○	●	●	●
	绿色垃圾处理站	—	—	—	○	○	●	●
	变配电所	—	—	○	○	○	○	○
	泵房	○	○	○	○	○	○	○
	生产温室、荫棚	—	—	○	○	○	○	○
建筑类管理设施	管理办公用房	○	○	●	●	●	●	●
	广播室	○	○	○	●	●	●	●
管理设施	安保监控室	○	●	●	●	●	●	●
	应急避险设施	○	○	○	○	○	○	○
	雨水控制利用设施	●	●	●	●	●	●	●

注："●"表示应设；"○"表示可设；"—"表示不需要设置；1hm² = 10000m²。

Ⅲ 种 植 设 计

5.4.12 植物配置选择及分布应根据当地的气候状况、环境特征、立地条件，结合功能要求、空间围合、观赏要求等确定，并应符合下列要求：

1 乔、灌、草应分层搭配，不应选择生态习性相克植物搭配。

2 植物观赏期互补搭配，利用植物不同的开花期和叶色期形成互补的植物景观。

3 增强骨架树种的季节观赏效果，宜选用春花树种、夏花夏果树种、秋果秋色叶树种、常色叶植物、冬姿冬枝等观赏价值高的树种；增强季节感，宜选做局部景观的骨架树种。

4 植物配置应因地制宜、合理布局、层次复合、物种多样，形成乔、灌、藤、草、湿生、挺水、浮水、沉水植物结合，形成相对完整的典型区系植被群落。

5.4.13 植被群落营建应遵循自然水岸植被群落的组成、结构，重点突出滨水景观空间的植物特点，形成沉水植物群落—浮水植物群落—挺水植物群落—湿生植物群落—陆生植物群落相结合的生态演替系列；并应符合下列规定：

1 种植设计应注重植物景观和空间的塑造，植物组群的营造宜采用常绿树种与落叶树种搭配，速生树种与慢生树种相结合；孤植树、树丛或树群至少应有一处欣赏点，视距宜为观赏面宽度的 1.5 倍或高度的 2 倍；树林的林缘线观赏视距宜为林高的 2 倍以上；树林林缘与草地的交接地段，宜配植孤植树、树丛等；草坪的面积及轮廓形状，应考虑观赏角度和视距要求。

2 植物种植应考虑管理及使用功能的需求，并应合理预留养护通道，游憩绿地宜设计为疏林或疏林草地。

3 植物种植应确定合理的种植密度。

5.4.14 苗木控制应符合下列规定：

1 苗木控制应规定苗木的种名、规格和质量，包括胸径或地径、分枝点高度、分枝数、冠幅、植株高度等。

2 苗木控制应根据苗木生长速度提出近、远期不同的景观要求和过渡措施，或预测疏伐、间移的时期。

3 对整形植物应提出修整后的植株高度要求。

4 对特殊造型植物应提出造型要求。

5 苗木应以乡土植物为主，不宜用外来物种。

6 苗木控制应调查区域环境特点，选择抗逆性强的植物。

7 林下的植物应具有耐阴性，其根系不应影响主体乔木根系的生长。

8 攀缘植物种类应根据墙体等附着物情况确定。

9 有雨水滞蓄净化功能的绿地，应根据雨水滞留时间，选择耐短期水淹的植物或者湿生、水生植物。

10 滨水区应根据水流速度、水体深度、水体水质控制目标确定植物种类。

11 游人正常活动范围内不应选用枝叶有硬刺和枝叶形状呈、尖硬剑状或刺状的植物，以及危及游人生命安全的有毒植物。

5.4.15 种植土壤厚度及理化性质应符合现行行业标准《绿化种植土壤》（CJ/T 340）的有关规定。

5.4.16 苗木支撑应符合下列规定：

1 扁担式支撑应在垂直树干两侧，垂直常年风向方向打桩固定（图5.4.16-1），桩体上部用横的木桩连接，适用于地径5~8cm，分支点低于100cm的花灌木。

2 三角支撑应在树干周围采用三根木桩均匀分布固定（图5.4.16-2），顶部与树干捆绑扎牢，下部紧密接触地面，适用于胸径5~8cm的小乔木。

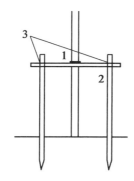

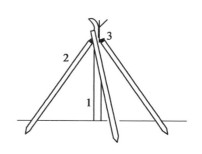

图5.4.16-1　扁担式支撑示意图

1-树干外用包裹胶片或麻布；2-支撑杆；3-捆绑麻绳

图5.4.16-2　三角支撑示意图

1-树木；2-支撑杆；3-树干外用包裹胶片或麻布

3 四角支撑应在树干周围均匀固定四根木桩，顶部用短木棒两两连接木桩，合围成四边形固定（图5.4.16-3和图5.4.16-4），适用于胸径大于或等于10cm的乔木。

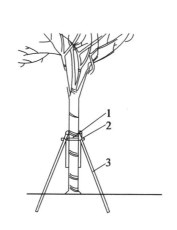

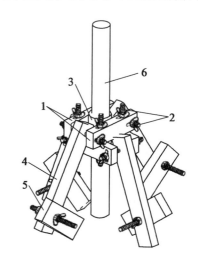

图5.4.16-3　四角支撑示意图

1-树干外用包裹胶片或麻布；2-螺栓固定；3-支撑杆或金属管

图5.4.16-4　四角支撑示意图

1-横杆；2-螺丝；3-垫衬物；4-支撑；5-地脚；6-树木

4 乔木钢索拉紧固定方式支撑应在树干周围采用三根钢索均匀固定（图5.4.16-5），顶部钢索绕树以橡皮管套保护，下部垂直钢索方向打入杉木或钢管拉锚固定，适用于胸径大于或等于25cm的乔木。

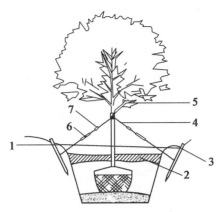

图5.4.16-5　钢索拉紧固定方式示意图

1-地坪；2-种植覆盖层；3-支撑杆或金属管；4-钢索；5-保护套；6-警示塑料套管；7-旋转扣（调整松紧）

5 竹类支撑宜选用竹类作为支撑杆加麻绳进行横向固定（图5.4.16-6）。

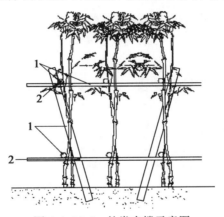

图5.4.16-6　竹类支撑示意图

1-毛竹支撑；2-捆绑麻绳

条文说明

在吉林省长春市伊通河综合治理项目中应用了《树木固定装置》专利，解决了乔木固定不稳定，费时费力的问题。

Ⅳ　配套设施

5.4.17 配套设施应符合现行国家标准《公园设计规范》（GB 51192）的规定，并应结合城市综合管线统筹规划，与道路及滨水区建（构）筑物以及公共设施的布置要求相协调。

6　工程施工

6.1　施工准备

Ⅰ　一 般 规 定

6.1.1　施工准备工作应包含现场组织管理机构建设、施工调查、技术准备、施工现场准备、施工设备调遣、办理开工报告及各项施工作业许可证、安全与环保交底等内容。

6.1.2　施工单位应建立现场组织管理机构，制定工程进度、质量、安全、成本、生态环境保护目标，健全管理体系，完善各项施工管理制度，并贯彻执行。

6.1.3　施工单位应组织图纸会审和现场核对，并应形成书面记录反馈给建设及设计单位。建设单位应组织设计单位对施工、监理单位进行设计交底。

6.1.4　施工单位应编制安全生产专项方案，明确各方责任，执行各层级交底。

6.1.5　开工前应对施工管理和作业人员进行安全、技术、质量、环保等培训教育，并经考核合格后方可上岗。

6.1.6　施工单位应按照工程验收要求，进行单位工程、分部工程、分项（单元）工程和检验批划分，并报监理单位批准后执行。

Ⅱ　施 工 调 查

6.1.7　施工调查应在设计阶段现状调查的基础上进行，并应熟悉设计文件，收集与工程施工有关的自然条件、施工条件、环境保护和地方政策要求等方面的基础资料。

6.1.8　施工调查深度和广度应根据工程复杂程度进行，主要内容应包括水文、地质、地形地貌、地下（水下）管线、建（构）筑物、外部环境、周边资源等。

条文说明

施工调查应以现场踏勘为主，内外结合。必要时，进行现场测绘、钻（挖）探取样，检验或试验。主要内容可参考表6-1。

表 6-1　施工调查主要内容

序号	项目		主要内容
1	水文		了解治理河段水文站、水位站、潮位站的分布；治理河段洪水位、枯水位、流量、流速等；受潮沙影响的治理工程，还需了解、分析全年逐日潮水预报、施工月份逐旬典型潮位过程曲线，设计水位及累计频率、风暴潮增减水位、波浪观测资料；了解、分析施工区域水流或海流不同水位的流速、流向，水文泥沙及冲淤变化情况，有冰凌水域的初、终冰期及冰况等
2	地质	工程地质	掌握地质钻孔和土层分布，岩土物理力学指标和地质灾害情况等
		水文地质	了解地下水和地表水情况、排水条件、渗流情况等
3	气象		了解施工区域的气象情况，包括气温、风、雨、雪、雾、霾、雷电等
4	测量控制点		了解工程施工所需的高程、平面控制网和控制基准点的分布及完好性，并核对其准确性
5	地形地貌		了解现场地形、地貌，调查堤防现状、不良地质及对施工的影响。掌握施工区域内的各种植被情况
6	临近建（构）筑物		了解施工区域跨、拦、临河建（构）筑物及设施的位置和主要特征
7	水下、地下管线、文物及障碍物		了解施工区管线、地下文物及障碍物的种类、位置、埋深、走向等资料
8	施工水域与船舶临时停靠锚地	施工水域	了解施工水域情况航道尺寸、通航与施工的相互影响情况、堤防情况等
		锚地	了解船舶避风地点、水域、停泊条件
9	所在地周边资源		了解工程所处地建筑材料供应、运输情况，施工进场道路、供水、供电和通信条件。当地可利用的预制场、船机设备、劳动力、加工能力等情况，可供施工队伍作为生活工作基地的居民点和城镇情况
10	调遣及运输条件		了解船机调遣和材料运输路线、航道、道路路况、沿途桥涵净空及承载力等情况
11	当地有关法规		收集当地有关工程建设施工海事、水利、市政、环保等制度和规定
12	建（构）筑物情况		了解治理河段已建和在建的建（构）筑物状况
13	生态等相关要求		了解工程相关的保护区分布以及有关部门对周边生态保护、鱼类保护、水产养殖等规定和要求
14	其他可能影响施工的外部环境		了解工程当地的民风民俗、治安状况、社会稳定评估资料，了解可能涉及的临水建（构）筑物搬迁、拆迁以及工程永久或临时占地、青苗补偿等

6.1.9 施工调查发现与设计不符时，应及时书面反馈建设及勘察设计单位。

Ⅲ　技　术　准　备

6.1.10 开工前应编制实施性施工组织设计，并应按程序报批。主要施工方案、施工方法应进行技术经济比选。实施性施工组织设计应结合工程规模、水文地质、现场施工环境等条件，以及工期、成本、环境保护、设备供应等要求进行编制。

6.1.11 施工单位应参加建设单位或监理单位组织的测量控制网、控制点交接，并应组织复测，形成测量成果书。

6.1.12 施工单位应根据现场需要和实际情况制定原材料、中间产品、混凝土、砂浆及成品材料试验检验方案，并组织实施，可自建试验室或委托试验检测。

6.1.13 施工技术交底应分级进行，直至作业层。交底宜采用会议、书面与现场相结合的形式进行，并应形成书面记录，签字齐全。施工方案及施工工艺发生变化时应及时进行补充交底。

IV 临 时 设 施

6.1.14 开工前应对临时设施建设规模、位置、布局等进行规划并绘制平面布置图，并应遵循因地制宜、节约用地、节能环保的原则，力求永临结合、经济适用，并重视生态文明、职业卫生、防灾减灾、文物保护等。

6.1.15 临时道路应结合当地交通条件和工程需要进行设置，可利用滨河道路或河堤作为临时道路，并应进行日常维护。

6.1.16 生产生活用水可采用市政管网供水或汽车运水。临时用电应结合当地电力系统和工程需要进行专项设计，并应符合现行行业标准《施工现场临时用电安全技术规范》（JGJ 46）的有关规定。

6.1.17 混凝土应集中拌和，可自建拌和站供应或采用商品混凝土。

6.1.18 取（弃）土场建设及恢复应执行国家、地方政府相关环境保护要求，落实经批复的环评文件提出的生态保护和污染防治措施。

6.2 水体生态重构工程

I 一 般 规 定

6.2.1 水体生态重构工程应主要包括河道护岸、水工建（构）筑物等，施工前应统筹考虑，并应根据工程实际情况和设计要求，制定施工方案和施工组织计划。

6.2.2 导流、围堰等临时工程应根据设计要求和工程需要，编制专项施工方案，并应报有关单位批准。

6.2.3 遇现状老挡墙、沿河建筑、原有老桥、地下管线等建（构）筑物时，施工单位应按专项方案做好保护措施。

6.2.4 河道护岸、水工建（构）筑物等工程宜在枯水期施工。

Ⅱ 护 岸 工 程

6.2.5 堤防工程施工前，应对基面进行清理平整并验收，当基面与地勘报告不符时，应按设计批复意见处理；加固、扩建或改建旧堤时，应按设计要求提前对隐患部位进行处理。

条文说明

基面验收后应抓紧施工若不能立即施工，应做好基面保护。如长时间暴露，复工前应重新验收。

6.2.6 生态护岸开挖期间应埋设临时观测点进行变形观测，成形后应按设计要求埋设永久观测点。

6.2.7 采用植生土坡护岸时，铺填种植土应密实，种植土的土质、土层厚度、种子纯度应符合设计要求，并应加强后期养护。

6.2.8 石笼护岸施工时应符合下列规定：

1 石笼垫材料规格、质量应满足设计要求，材料进场经检验合格后方可使用。

2 石笼垫应逐件组装，单块网垫应先压平，再折叠组装，组装后应底面平整、侧板及隔板应横平竖直。

3 施工时应根据地质情况，考虑一定的沉降变形量，填充的石料宜略高出网垫顶面。

4 顶面盖网封闭前，应检查填充石料的装填饱满度和表面平整度。生态格网外轮廓应横平竖直，内隔板弯曲变形应予以校正。

6.2.9 生态袋护岸施工时应符合下列规定：

1 生态袋挡墙基底开挖、压实及整平应满足设计要求。

2 施工时底层生态袋应与基础可靠连接，生态袋与生态袋或土坡应密实扣结。

3 生态袋垒放时，应当按坡度设置样架分层挂线施工，袋体与坡面间的回填土应同步升高、逐层夯实，转折处宜增设 T 形袋，顶层生态袋上宜采用黏土夯压，并预留顺坡。

6.2.10 生态混凝土护岸施工应符合下列规定：

    1　生态混凝土的配合比应符合设计要求。

    2　生态混凝土拌合物宜均匀摊铺，不应缺角少边。

    3　采用强制式搅拌机时，宜先将集料、水泥和 50% 用水量加入强制式搅拌机拌和 2～3min，再加矿物掺合料、外加剂拌和，边搅拌边加入剩余用水量，拌和 2～3min，待浆体均匀包裹，即可出料。必要时可再搅拌 2～3min，增强混合料均匀性，保持良好的和易性和流动性，确保喷播施工质量和效果。

    4　搅拌机出料后，运至施工地点进行摊铺、压实直至浇筑完毕的允许最长时间，应根据配合比试验测定的初凝时间及施工期气温条件综合确定。

    5　生态混凝土压实设备可选用专用低频振动器、平板振动器或滚压工具等。振密压实应均匀，避免单点或局部过度密实，边压实边补料找平。

    6　施工完毕后，应及时采取覆盖、洒水等养护措施，避免雨淋、冻结或暴晒。

6.2.11　砌石护岸施工应符合下列规定：

    1　砌筑分段条垛，铺好垫层或滤层。

    2　干砌块石护岸应由低向高按设计要求砌筑；块石应嵌紧、整平，不应叠砌、浮塞；石料应大小均匀、质地坚硬，单块重应不小于设计要求。

    3　灌砌石护坡，混凝土填灌料质量应符合设计要求，并应填充饱满、插（振）捣密实。

6.2.12　抛石护岸施工应符合下列规定：

    1　抛投石料应质地坚硬，抛护位置、尺寸应符合设计要求。

    2　抛石应逐层依次排整，不应有孤石和游石；抛石厚度应均匀一致，坡面应平顺。

6.2.13　堆石护岸施工应符合下列要求：

    1　垫层或滤层铺筑应符合设计要求。

    2　石料应大小均匀、质地坚硬，单块重不小于设计要求。

    3　当设计对堆石速率有控制要求时，堆石施工应间歇进行，间歇时间可通过对堆石沉降速率的观测确定。

    4　根据工程规模，堆石作业可采用一次或多次堆放至堤（岸）坡顶坎。

6.2.14　网垫植被护岸应符合下列规定：

    1　网垫铺设前，坡面应压实平整，不应出现凹凸不平、松垮的现象，避免与坡面分离。

    2　网垫宜自上而下顺坡铺设，搭接宜上部网垫压下部网垫，搭接长度应符合设计要求。

    3　网垫应采用专用竹钉或 U 形钉呈梅花形固定，长度及间距应符合设计要求。

Ⅲ　水工建（构）筑物工程

6.2.15　溢流堰、潜坝等水工建（构）筑物施工应符合下列规定：

1　混凝土浇筑的分缝分块、分层厚度及层间间歇时间等，应符合设计规定。

2　变形缝止水带应设置专用卡具定位，搭接长度及焊接质量应满足设计要求。

3　水工建（构）筑物的高程、线形应满足水流流态平顺和圆滑要求。

4　混凝土施工应满足强度、抗冻、抗渗、抗侵蚀、抗冲刷、抗磨损、抗浮等性能及和易性的要求。大体积混凝土施工应采取温控措施。

5　钢筋混凝土钢筋绑扎宜设置定位卡具。

6.3　水生态修复工程

Ⅰ　一　般　规　定

6.3.1　水生态修复工程应主要包括截污工程、生态清淤、人工湿地、水生植物、水生动物、生态浮岛、增氧曝气等，施工前应根据工程实际情况和设计要求，制定施工方案和施工组织计划。

6.3.2　开工前应对既有管道、建（构）筑物与拟建工程衔接的平面位置和高程进行校测。

6.3.3　设备安装前应对有关的设备基础、预埋件、预留孔的位置、高程、尺寸等进行复核。

6.3.4　水生态修复工程施工完成后，系统结构应完整、水面景观效果好、水面清洁，各项指标应符合设计目标和要求。

Ⅱ　截　污　工　程

6.3.5　建（构）筑物施工时，应按"先地下后地上、先深后浅"的顺序施工；各建（构）筑物不应交叉施工、相互干扰。

6.3.6　截污施工应满足现行国家标准《给水排水管道工程施工及验收规范》（GB 50268）的有关规定。

6.3.7　调蓄池土建施工、设备安装调试应符合现行国家标准《给水排水构筑物工程施工及验收规范》（GB 50141）的有关规定。

6.3.8　污水处理厂土建施工、设备安装调试应符合现行国家标准《城镇污水处理厂工程质量验收规范》（GB 50334）的有关规定。

Ⅲ　生态清淤工程

6.3.9　生态清淤应根据河道内水深、流量、河道宽度及气候情况选取疏浚方式。

6.3.10　生态清淤干式施工应符合下列要求：

1　开挖前应对施工便道、区段划分、土石方调配、机械配置、弃土场设置、施工导流、降水措施等进行综合规划，并应符合下列要求：

1）完成河道导流工作后，应结合导流设施布置施工便道，设置开挖区域内、外排水措施。

2）河道应设立永久测量标志，测量标志应易于保护且引用方便；测量标志书写、埋设等应符合现行行业标准《水利水电工程测量规范》（SL 197）中的有关规定。

3）低于地下水位的土方开挖，应开挖明沟并应设置集水坑，降低地下水位至最低开挖面以下。

2　机械开挖应自上而下分层分段依次进行，分层开挖厚度应根据土质情况确定；不应在不稳定土体之下作业。

3　边坡开挖应按照设计要求进行，刷坡面积大的边坡开挖宜采用大型机械作业，挖土随挖随运；不得掏挖施工。

4　边坡开挖的土方应运至指定点分类，并应按设计要求堆放；不得在河道周边堆载。

条文说明

河北省石家庄市滹沱河生态修复项目在主河槽疏浚施工中应用《挖掘机刷坡作业坡度控制装置及方法》专利，挖掘机刷坡作业坡度控制装置包括刷坡板、连接部以及连接轴，挖掘机刷坡作业坡度控制方法限制了挖掘机挖斗的挖掘深度，同时利用标准坡度作为刷坡板滑动标准作业的基准，保证了刷坡作业的质量。

6.3.11　生态清淤半干式施工应采用高压水枪冲刷底泥，将底泥扰动成泥浆，流动的泥浆汇集至事先设置好的低洼区，由泥浆泵吸取、管道输送，将泥浆输送至岸上的堆场或临时的集浆池内；并应符合现行行业标准《疏浚与吹填工程技术规范》（SL 17）的有关规定。

6.3.12　生态清淤湿式施工应符合现行行业标准《疏浚与吹填工程施工规范》（JTS 207）的有关规定。

6.3.13　生态清淤高程控制应符合下列要求：

1　施工单位应按设计高程要求施工，不得超挖。

2 河道开挖及生态清淤施工宜采用测深仪进行控制。

3 原河底高程比设计河底高程低,设计未明确时,宜以清除河底表层腐殖质土为准。

6.3.14 土方淤泥运输应符合下列要求:

1 弃土采用车辆外运时,车厢上部应封盖。

2 淤泥采用水路运输时,应对每条运输船进行编号登记,淤泥装船后应对船舷冲洗干净覆盖后再外运。

3 淤泥采用陆路运输时,含水量大的流塑状淤泥不应直接外运。

6.3.15 进行清淤作业时,环境保护应符合下列要求:

1 清淤过程应控制清淤扰动强度。

2 密闭挖泥船出料口的泥浆水不应流入水体,并应合理调度作业船只,区域内作业宜在下游设置土工布隔离带。

3 宜增设尾水过滤池,水质达标排放。

条文说明

对河床生态系统已经形成的河段进行清淤施工时,应评估清淤对现状生态系统破坏程度,宜采用分期分片的清淤方法、控制清淤深度法、采用先进清淤设施等措施保护现有生态系统。清淤对现有生态系统造成不可恢复的破坏程度时,应采用人工干预设施进行河床生态系统的恢复。区域内作业,在下游设置土工布隔离带,是为了减少河底扰动对下游水质的影响。

6.3.16 污泥土的处理可根据土的特点、现场条件和最终处置要求,采用自然堆放及晾晒、化学或物理固化、机械脱水等方法。对污染的淤泥,应根据污染物的组成、污染程度,在最终填埋处置方案中采用防渗、覆盖、筑岛等封闭工程措施;并应符合现行国家标准《城镇污水处理厂污泥处置 分类》(GB/T 23484)的有关规定。

条文说明

污泥处理完成后,可再利用,如:

(1)符合现行国家标准《城镇污水处理厂污泥处置 混合填埋用泥质》(GB/T 23485)检测标准的可用于垃圾填埋场覆盖用土。

(2)符合现行国家标准《城镇污水处理厂污泥处置 园林绿化用泥质》(GB/T 23486)检测标准的可用于园林绿化用土。

(3)符合现行国家标准《城镇污水处理厂污泥处置 土地改良用泥质》(GB/T 24600)检测标准的可用于土地改良用土,且每年每万平方米干污泥用量不大于 30.000kg。

（4）符合现行国家标准《城镇污水处理厂污泥处置 制砖用泥质》（GB/T 25031）检测标准的可用于与制砖原料混合使用，但重量比不应大于 10%。

（5）吉林省长春市伊通河综合治理项目针对河底淤泥污染物多、毒性剧烈、干化后气味大、影响环境以及会产生二次污染的问题，应用《筏基式筑岛填筑结构》专利，采用淤泥固化形成筑岛的结构，大大提高了淤泥利用率，固化后淤泥渗透系数小且强度高，不仅可作为筑岛结构主体，而且减少了淤泥二次污染的可能性。

Ⅳ 人工湿地工程

6.3.17 人工湿地施工应按照不同设计单元，依次进行施工，地形整理后，面域、高程、坡度等应符合设计要求，设计有防渗结构时，应进行渗透试验，渗透系数应满足设计要求。

6.3.18 人工湿地的基础层应平整、密实、无裂缝或松土，表面应无积水、石块、树根、尖锐杂物及其他障碍物等。

6.3.19 人工湿地防渗应包括黏土碾压法、三合土碾压法、土工膜法、塑料薄膜法和混凝土法等方法，防渗层的渗透系数应不大于 10^{-8} m/s，并应符合下列规定：

1 黏土碾压法施工时，填筑前应进行碾压试验，确定施工工艺参数与压实机械，有机质含量应小于 5%，压实度应控制在 90%~94% 之间。

2 三合土碾压法施工时，石灰粉、黏土、沙子或粉煤灰应按配合比集中拌和均匀，按试验段确定施工最佳含水率和施工工艺参数。石灰应采用消石灰或磨细生石灰粉，消石灰应熟化过筛，粒径不得大于 5mm，不得含有生石灰块。

3 土工膜法施工时，薄膜厚度应大于 1mm，两边应采用土工布。薄膜材料宜采用高密度聚乙烯薄膜。薄膜材料需现场黏合、黏结和锚定时，连接处厚度应大于 1mm。可采用设覆土层方式遮挡紫外线照射。塑料膜与填料接触面之间宜设置黏土或砂保护层。

4 混凝土法施工时，混凝土强度应大于 C15，厚度宜大于 0.15m，宜一次浇筑成型；当面积较大时，可分块浇筑，缝隙间应填充沥青等柔性材料。

6.3.20 防渗材料铺设应根据卷材的幅宽、直径和重量，选择适宜的铺设装置或工法；幅宽大、直径大、重量大的卷材宜采用卷材铺设装置。

条文说明

河北省石家庄市滹沱河生态修复项目河道采用膨润土防水毯作为防渗材料，该材料单卷规格 6m×30m，重 1.5t 以上，采用《卷材铺设装置》专利，该装置包含车架、传动轴和调节机构，能够稳定支撑卷材，避免脱落，节约人工，有效保证施工质量。

6.3.21 防渗材料搭接处需撒布防渗料时，应根据搭接宽度、长度及厚度，选择适宜的撒布方法或装置；搭接处长度大的宜采用河道防渗工程用布撒装置。

条文说明

河北省石家庄市滹沱河生态修复项目河道采用膨润土防水毯作为防渗材料，单块防水毯搭接处宽50cm、长30m，需均匀撒布膨润土粉，采用《河道防渗工程用布撒装置》专利，该装置包含车架、撒料辊、筛件、调节键和固定件，能够改变出料通道大小，调整料层厚度，减少材料消耗，节约人工，保证施工质量。

6.3.22 集布水系统施工应符合下列要求：

1 采用围堰或横向的深水沟进行导流时，底面平整度及植物密度应满足设计要求。

2 采用穿孔管或穿孔墙方式布水时，其开孔中心与管道中心方向夹角应满足设计要求。

3 管道安装应采取垫块或支架固定，安装前应在管端设置堵口。

4 进出水口管底高程、坡度和受纳水体的正常水位高程应满足水流要求，承插口管安装时应将插口顺水流方向，承口逆水流方向由下游向上游依次安装。

6.3.23 植物种植应符合下列规定：

1 植物种植前应进行通水试验，合格后方可进行植物种植。

2 人工湿地的植物搭配种植，应符合设计要求，选择多种植物分区搭配种植，后期植物生长不应串混或侵占。

3 植物栽种以植株移栽为主，同一批种植的植物植株应大小均匀。

4 种植时间应根据植物生长特性确定，宜选择在春季。

5 植物种植密度应根据植物种类与植物种植工艺类型确定，并应满足设计要求。

6.3.24 人工湿地填料应符合下列规定：

1 人工湿地填料种类、粒径、细颗粒含量、级配应符合设计要求，填料应预先清洗干净，不得有泥土残渣及其他杂物。

2 人工湿地填料充填应平整，填筑厚度和装填后的孔隙率应满足设计要求，初始孔隙率宜控制在35%～50%。

3 人工湿地填料充填应采用专用小型机械设备，自下而上逐层铺设，填料表面应铺设行走木板。

条文说明

本条第3款规定的填料表面应铺设行走木板，是为了避免填料混合、损坏防渗层及管道。

V 水生植物工程

6.3.25 水生植物种植应符合下列规定：

1 水生植物应在适宜的气候进行种植，并应符合下列规定：

1）挺水、浮叶植物宜在15℃以上水温种植，气温低于5℃时不宜种植。

2）沉水植物宜在春、夏季播种；移植或扦插植物可在生长期种植。

3）漂浮植物宜在春末至秋季种植。

2 水生植物的品种、种植密度和种植区域应符合设计要求。

3 水生植物应种植在适宜的水深，种植前应先复核种植区域水位高程。

4 水生植物植株应健壮、鲜活、无附着物，种植前应清洗、整理苗种，去除杂质与剔除残、病、伤、缺植株。

5 水生植物应采用适宜的方法进行栽植，并应符合下列要求：

1）挺水、浮叶植物栽植，其根茎栽入穴深度和覆土厚度应符合设计要求，揿实或捣紧时不得损伤基芽，栽植后应作场地平整。

2）浮水植物栽植，可直接抛掷于静水体，并应控制水体流动。

3）沉水植物栽植可采用作业人员乘船用竹竿或木杆工具固定住植株的茎部，插入种植土中栽植。

6 水生植物病虫害防治应采用生物和物理的方法防治，不得出现药物污染水源的情况。

VI 水生动物工程

6.3.26 水生动物在投放前应对其进行论证，投放顺序应符合设计要求和生态原则。

条文说明

水生动物在投放前应对其进行论证，是为了防止投放的水生动物对该地区造成外来生物入侵。

6.3.27 水生动物投放应符合下列规定：

1 水生动物投放品种与数量应符合设计要求。

2 浮游动物投放应在水生植物栽植完成后进行，投放后水生动植物群落稳定前，应投放适量的有机悬浮物。

3 底栖动物放养应符合下列规定：

1）底栖动物投放应在水生植物及浮游动物群落稳定后进行投放。

2）底栖动物投放前应选定活性良好的种苗。

3）底栖动物投放应采用作业人员乘船，将种苗均匀投放。

4 鱼类放养应符合下列规定：

1）鱼类投放应在底栖动物群落稳定后进行。

2）投放前应挑选活性良好、完成检疫种苗。

3）鱼苗运输前应准确过数。运输过程中应配置供氧设备，运输时间超过12h时，中途应充氧一次。

4）鱼类投放前应对鱼体进行体外消毒，并应在晴朗天气、在上风口投放。

条文说明

鱼苗可用氧气袋运输，规格在3cm以上的鱼种可用氧气袋，氧气包或带水充氧运输。鱼苗每氧气袋不超过5万尾，3cm以上规格鱼种每氧气袋不超过1500尾，每氧气包不超过5kg。

VII　生态浮岛工程

6.3.28　生态浮岛单元、材料进场后，应根据施工方案、设计图纸、产品说明书进行安装，安装位置不得影响船只正常通行，覆盖面应符合设计要求。生态浮岛可采用深度自动调节装置固定。

条文说明

生态浮岛采用深度自动调节装置固定，其高度可根据水位的变化进行自动调节，达到自适应的能力。吉林省长春市伊通河综合治理项目应用《一种深度自动调节式复合纤维浮动湿地》专利，解决了现有的复合纤维浮动湿地难以根据水位深度的变化进行调节和浮动湿地上的植被易受风浪冲击倾倒受伤的问题。

6.3.29　生态浮岛载体组装完成后应置于便于操作的水体岸边，并用绳索暂时固定，浮岛植物应按照设计图案要求，依次摆放容器苗或栽种裸根苗至浮岛载体。

6.3.30　生态浮岛植物栽植可在其生长季节进行，宜在植物越冬前或萌发初期栽植。

6.3.31　浮岛（浮床）置于水面设计位置后应进行固定。岸边的浮岛（浮床）应采用锚钩式或绳索牵拉式进行固定，河道中心或离岸较远的浮岛（浮床）应采用锚钩式或沉水重物牵连式固定。

6.3.32　浮岛安装过程中苗木残体、绑绳等剩余材料和垃圾应及时回收和清理，场地和水面应干净整洁。

VIII　增氧曝气工程

6.3.33　增氧曝气工程中使用的设备、材料、器件等应有产品合格证及性能检测报告，其品种、规格、质量、性能应符合设计文件要求。

6.3.34 增氧曝气设备位置和数量应按设计布置，设备与器材在安装前应进行完好性和完整性检验，并应按说明资料进行组装，安装应牢固。

6.3.35 固定式曝气机应符合下列规定：

1 固定式曝气机地基处理、基座施工应满足设计及相关规范要求。

2 固定式曝气机宜安装在河岸上或河道一侧驳坎上，进气口附近不应有杂物；曝气主管应沿驳坎水平设置。

3 曝气管出气量应均匀，单条曝气管长度宜小于 20m，铺设时末端应高于前端 20cm 左右。

6.3.36 浮水式曝气机应符合下列规定：

1 浮水式曝气机宜采用绳索牵引钢管桩或抛锚法固定，可安装在河床中心。

2 浮水式曝气机工作区域的水深应符合设计要求。

6.4 滨水景观工程

I 一般规定

6.4.1 滨水景观宜在河道治理主体工程、建（构）筑物及主要管线施工完成后进行，其主要应包括绿化工程、园林附属工程等。

6.4.2 绿化工程宜在苗木休眠期进行，苗木种植顺序应合理规划。

6.4.3 施工前，应按规定进行二次设计或者深化设计，必要时制作样品或绘制效果图，经建设、设计及监理单位共同审核后实施。

II 绿化工程

6.4.4 绿化工程施工前应对场地进行验收，地形坡面曲线应自然平顺。

条文说明

应对现场地形、场平及结构物进行复测验收，形成测量放样验收记录。

6.4.5 绿化工程栽植或播种前应对土壤理化性质进行化验分析，栽植基础不得使用含有害成分的土壤，对检验不符合种植要求土壤应采取相应的土壤改良、施肥和置换客土等措施。

6.4.6 绿化工程栽植顺序应根据现场情况进行合理规划，并应符合下列要求：

1 绿化工程栽植施工宜在景观构筑物施工完成后进行。

2 绿化工程植物的栽植原则应按从高到低、从点到面的顺序进行栽植。

6.4.7 绿化工程植物的选择、运输、栽植及养护应符合设计要求和现行行业标准《园林绿化工程施工及验收规范》（CJJ 82）中的有关规定。

6.4.8 绿化工程灌溉系统施工应符合下列规定：

1 绿化工程灌溉系统应在草坪铺设前埋设完毕，并应预留防冻泄水阀。

2 绿化工程灌溉水管宜随地形敷设，在管路系统高凸处应设自动排气阀，在管路系统低凹处应设泄水阀。

3 绿化工程灌溉给水管网从地面算起最小服务水压应为 0.10MPa，当场地有堆山和地势较高处需供水，或所选用的灌溉喷头和洒水栓有特定压力要求时，其最小服务水压应按设计要求计算。

4 绿化工程灌溉给水管网安装完成后应进行试压，合格方可回填；给水管管顶最小覆土深度不得小于土壤冰冻线以下 0.15m，回填土压实度应满足设计要求。

Ⅲ 园林附属工程

6.4.9 园林附属工程施工前，应对施工场地进行处理，建（构）筑物基础应满足设计承载力要求。

6.4.10 园路、广场工程施工应符合下列要求：

1 园路、广场施工线形应与周围进行顺接，整体效果应流畅美观。

2 园路和广场基层应坚实平整、结构强度稳定、无显著变形，表面干净、无积水、无松散颗粒。

6.4.11 假山、叠石、置石工程施工应符合下列要求：

1 假山、叠石、置石工程材料进场后应先将全部石料分类放置，进行统筹计划和安排，不得边施工边进料。关键部位和结构用石应统一标记，按序使用。

2 假山、叠石、置石堆筑前应按设计意图和材料情况对设计方案进行细化，细化方案应包括假山造型的细化和石料使用安排。

3 同一山体石料的质地、品种、色泽应协调一致。

6.4.12 园林景观木构件、钢木组合构件及各构件连接处应进行烘干和防腐处理，各接口应平顺、圆滑。

6.4.13 园林附属工程预埋件数量、规格、位置、转角弧度应符合设计要求，接缝应严密，表面应光滑，色泽一致，不得有歪斜、裂缝、翘曲、损坏和明显焊缝等。

6.4.14 园林附属工程防水施工应满足设计要求，防水工程施工完成后应按照设计及规范要求进行闭水试验。

6.4.15 园林附属工程施工应满足现行行业标准《园林绿化工程施工及验收规范》（CJJ 82）的有关规定。

7　工程质量验收与评定

7.1　一般规定

7.1.1　河道生态治理工程可分为城镇建设工程、风景园林工程、水利工程，并应包含以下工程内容：

　　1　城镇建设工程应主要包括截污工程、人工湿地工程、水生植物、水生动物、生态浮岛、增氧曝气工程等。

　　2　风景园林工程应主要包括绿化工程、园林附属工程等。

　　3　水利工程应主要包括生态清淤工程、水工建（构）筑物工程、泵站工程等。

7.1.2　工程质量验收与评定项目划分应符合下列规定：

　　1　城镇建设工程、风景园林工程质量验收与评定，可划分为单位（子单位）工程、分部（子分部）工程、分项工程、检验批工程。

　　2　水利工程质量检验与评定，可划分为单位工程、分部工程、单元（工序）工程。单元工程按工序划分情况，分为划分工序单元工程和不划分工序单元工程。

7.1.3　工程质量验收应符合下列规定：

　　1　参加工程施工质量验收的各方人员应具备规定的资格。

　　2　工程施工应符合工程勘察、设计文件的要求。

　　3　工程质量应符合国家现行相关专业验收标准的规定。

　　4　工程质量的验收均应在施工单位自行检查、评定合格的基础上进行。

　　5　隐蔽工程在隐蔽前应由施工单位通知有关单位进行验收，并应形成验收文件。

7.1.4　工程质量验收内容和要求、验收程序和组织应按相应行业标准执行。

7.2　城镇建设工程

7.2.1　截污工程施工质量验收应符合设计要求和现行国家标准《给水排水管道工程施工及验收规范》（GB 50268）、《混凝土结构工程施工质量验收规范》（GB 50204）、《城镇污水处理厂工程质量验收规范》（GB 50334）的有关规定。

7.2.2 人工湿地工程施工质量验收应符合设计要求和现行国家、行业标准《给水排水构筑物工程施工及验收规范》（GB 50141）、《给水排水管道工程施工及验收规范》（GB 50268）、《混凝土结构工程施工质量验收规范》（GB 50204）、《砌体结构工程施工质量验收规范》（GB 50203）、《建筑地基基础工程施工质量验收标准》（GB 50202）、《土工合成材料 聚乙烯土工膜》（GB/T 17643）、《园林绿化工程施工及验收规范》（CJJ 82）的有关规定。

7.2.3 生态浮岛、水生植物施工质量验收应符合设计要求和现行国家标准《园林绿化工程施工及验收规范》（CJJ 82）的有关规定。

7.2.4 增氧曝气工程施工质量验收应符合设计要求和现行国家标准《机械设备安装工程施工及验收通用规范》（GB 50231）的有关规定。

7.3 风景园林工程

7.3.1 绿化工程、园林附属工程施工质量验收应符合设计要求和现行国家、行业标准《园林绿化工程施工及验收规范》（CJJ 82）、《建筑工程施工质量验收统一标准》（GB 50300）的有关规定。

7.4 水利工程

7.4.1 生态清淤工程施工质量验收应符合设计要求和现行国家、行业标准《水利水电建设工程验收规程》（SL 223）、《水利水电工程施工质量检验与评定规程》（SL 176）、《水利水电工程单元工程施工质量验收评定标准-土方工程》（SL 631）、水利水电工程单元工程施工质量验收评定标准-堤防工程》（SL 634）、《城镇污水处理厂污泥处置分类》（GB/T 23484）的有关规定。

7.4.2 护岸工程施工质量验收应符合设计要求和现行行业标准《水利水电建设工程验收规程》（SL 223）、《水利水电工程施工质量检验与评定规程》（SL 176）、《水利水电工程单元工程施工质量验收评定标准-堤防工程》（SL 634）、《水利水电工程单元工程施工质量验收评定标准-土方工程》（SL 631）的有关规定。

7.4.3 水工建（构）筑物工程施工质量验收应符合设计要求和现行国家、行业标准《水利水电建设工程验收规程》（SL 223）、《水利水电工程施工质量检验与评定规程》（SL 176）、《水利水电工程单元工程施工质量验收评定标准-水工金属结构安装工程》（SL 635）、《水利水电工程单元工程施工质量验收评定标准-混凝土工程》（SL 632）的有关规定。

7.4.4 水利泵站工程施工质量验收应符合设计要求和现行国家、行业标准《水利水电建设工程验收规程》（SL 223）、《水利水电工程施工质量检验与评定规程》（SL 176）、《水利泵站施工及验收规范》（GB/T 51033）的有关规定。

8 运营维护

8.1 一般规定

8.1.1 河道生态治理工程验收合格后方可投入运营维护。

条文说明

　　河道生态治理工程验收合格后方可投入运营和维护，其主要目标是保护设施完整性、保持生态多样性、促进河道水质改善。

8.1.2 运营维护管理宜包括工程管护、附属设施维护等，并应符合相关的国家标准、地方标准、行业标准的规定。

8.1.3 运营维护单位应建立健全职能管理机构，完善各项管理体系，制定管理制度、工作标准和作业流程，实行规范化管理，提倡应用智慧化管理系统。

8.1.4 维护作业现场应设置明显的安全警示标志，并应采取安全防护措施。

8.1.5 巡检与维护工作应制定工作细则，明确巡检项目、维护要求、巡检方法、巡检频次等。巡检记录应做到真实、详尽、准确。

8.2 巡检及维护

I　水面及河床

8.2.1 水面巡检的内容应包括水面漂浮物清除情况，拦漂和水质改善设施的完好情况等。

8.2.2 河床巡检的重点部位应包括弯道河段、束水河段和水（泵）闸上下游河段等。巡检的内容应为河床、排水管口有无冲刷或淤积，有无阻水障碍物和废弃物。河床巡检应在低水位的情况下进行。

8.2.3 在巡检过程中发现河道有突发性水污染事件时，应按有关要求及时上报。

8.2.4 河床巡检应及时清除河床内的阻水障碍物和废弃物。

8.2.5 河床淤积不得影响河道行洪排涝功能和排水管口的排水。对低水位时河道边滩暴露河段和河道淤积超过河床设计高程的河段宜及时进行疏浚，疏浚应符合现行行业标准《疏浚与吹填工程技术规范》（SL17）的规定。

II 设施维护

8.2.6 管理单位应通过巡视、检查、维修、加固和新建等方法，对设施进行维护作业，运营维护项目及要求可按本规程附录 D 执行。

条文说明

管理单位通过巡视、检查、维修、加固和新建等方法，对设施进行维护作业；其目的是预防减少并及时消除人、动植物或自然灾害对其外观和整体结构的破坏，保证设施使用功能不受影响。

8.2.7 护岸结构发生变形时，应进行跟踪观测，并应重点观测水平和垂直位移、裂缝、脱空和渗漏水变化。

8.2.8 在强降雨、洪水、台风等自然灾害前后和人为损害情况发生时，应加大巡检、维护频次和力度。

8.2.9 管理单位应定期对人工湿地的设施及设备进行保养、检查、清扫和清淤排泥，预防处理系统发生功能故障。

条文说明

本条规定的目的是保证人工湿地出水水质达标。

8.2.10 生态浮岛的覆盖面应根据水体情况进行动态调整。

8.2.11 养护单位应做好日常的巡查工作，定期修剪枯黄、枯死和倒伏的植株，清理植物周围的杂物或垃圾，做好病虫害防治工作，及时分株或补种植物，并应保持整洁。

8.2.12 水生植物维护应包括对挺水植物、漂浮植物、沉水植物的养护。挺水植物补植时，茎和叶应保持在常水位以上，在霜降前应进行收割。

8.2.13 曝气设施养护应根据河道水质情况，调整曝气设施的运行时间和频次。

Ⅲ　园 林 绿 化

8.2.14 植物养护管理工作的主要内容应包括整形修剪、灌溉与排水、施肥、有害生物防治、松土除草、改植与补植及绿地防护等。植物养护质量要求应符合现行行业标准《园林绿化养护标准》（CJJ/T 287）的有关规定。

8.2.15 园林绿地清理与保洁工作应主要包括以下内容：
1　园林绿地应保持清洁，并应整理消除影响景观的杂物、干枯枝叶、树挂、乱涂乱画、乱拴乱挂、乱停乱放、乱搭乱建等。
2　收集的垃圾杂物和枯枝落叶应及时清运，不得随意焚烧。
3　与绿地无关的张贴物或设施应及时清除。

8.2.16 园林绿地应定期进行专项巡视，内容应包括园林绿地植物生长状况及景观效果、园林绿地卫生、附属设施、抗震减灾设施、应急避难场所及安全隐患等，及时处理并记录所发现的问题，园林绿地应按需配备安保人员。

8.2.17 园林绿化养护管理应分为一级养护管理、二级养护管理、三级养护管理，并应符合现行行业标准《园林绿化养护标准》（CJJ/T 287）的有关规定。

9 安全管理

9.1 一般规定

9.1.1 安全管理应落实"安全第一、预防为主、综合治理"的安全生产方针，并应全面规范工程项目安全管理的全过程控制，实现施工与运维的标准化和规范化。

9.1.2 安全管理单位应成立安全生产组织机构，明确安全生产目标，建立安全生产管理制度，落实各级安全责任，健全安全生产责任管理体系，建立安全生产长效机制，防止和减少生产安全事故。

9.1.3 安全管理单位应设置明显安全标识和安全防护措施，定期或不定期进行巡查，管理和作业人员应经过安全培训教育，持证上岗。

9.2 安全生产管理

9.2.1 施工过程应进行风险辨识与评价，围绕环境因素、地质条件、气候变化（风、雨、雷电等）、物的状态、机的运行、人的行为和管理措施等，开展全方位、全过程的风险因素辨识和评估，做到全覆盖、无遗漏。

9.2.2 运维单位应建立完整的安全管理责任体系，每月进行安全生产教育，加强作业人员安全生产意识。

9.2.3 河道运维作业应做到文明、安全、卫生和高效，避免对交通、防汛及公众出行造成影响。

9.2.4 河道生态治理施工运维应急预案应根据工程特点、环境因素、自然地理因素等编制。

9.2.5 应急预案编制应符合现行国家标准《生产经营单位生产安全事故应急预案编制导则》（GB/T 29639）的规定，同时应符合工程项目所在地政府部门的相关要求。

9.2.6 建设单位应开展安全生产事故风险评估及应急资源调查，并形成评估及调查报告。

9.2.7 建设各方应组织对相关人员的应急救援知识、技能进行培训和教育，并按规定组织和实施应急演练。演练前，应结合施工环境条件变化和以往演练情况制定计划演练后应及时评审，并不断改进和完善应急救援体系。

9.2.8 因事态发展，超出项目环境保护突发事件应急小组的处置能力，需要更多的部门和单位参与处置时，应及时向上级有关部门汇报。当突发事件造成的危害程度已十分严重，超出项目自身控制能力，需要其他部门提供援助和支持时，应及时向上级有关部门提出请求。

附录 A 河道生态治理技术方案框架

A. 1 概述

A. 1. 1 概述应主要包括项目背景、相关政策基础、项目建设必要性、项目总体目标、编制依据、工程范围、工程规模。

A. 2 区域概况及自然条件

A. 2. 1 区域概况及自然条件应主要包括区域概况、自然条件、经济社会、水系。

A. 3 工程现状及规划

A. 3. 1 工程现状及规划，应主要包括现状水问题调查与分析包括现场调研与水质情况、水安全保障问题与分析、水污染与环境问题与分析、水动力问题与分析、水生态问题与分析等，相关规划、已建在建工程。

A. 4 污染物总量及削减目标测算

A. 4. 1 污染物总量及削减目标测算应主要包括污染源负荷估算、环境容量及污染物削减量计算。

A. 5 项目治理目标与思路

A. 5. 1 项目治理目标与思路应主要包括目标与思路、总体布局。

A. 6 方案设计

A. 6. 1 方案设计应主要包括水安全保障工程、水污染治理工程、水动力改善工程、水生态修复工程、岸线景观提升工程、智慧水管理工程及工程量。

A.7 管理机构、人员编制及项目实施计划

A.8 土地利用、征地与拆迁

A.9 环境保护与水土保持

A.10 节能减排与消防

A.11 劳动安全卫生

A.12 投资估算与资金筹措

A.12.1 投资估算与资金筹措应主要包括投资估算、资金来源、工程招投标方案。

A.13 工程效益分析

A.14 结论及建议

附录 B 水生植物特性

B. 0. 1 常用挺水植物特性可按表 B. 0. 1 确定。

表 B. 0. 1 常用挺水植物特性

植物名称	图片	耐寒性	耐污性	氮磷吸收能力[g/(kg·年)]	种植密度
黄菖蒲		耐寒能力强,生长适温15~30℃,10℃以下停止生长	根系非常发达,具有一定的耐污能力,生长对氮磷需求量大	TN≥25.3 TP≥2.63	15~20株/m²
千屈菜		性耐寒,南北方均可露地越冬	耐污能力强	TN≥115 TP≥12.5	8~12株/m²

表 B.0.1（续）

植物名称	图片	耐寒性	耐污性	氮磷吸收能力[g/(kg·年)]	种植密度
鸢尾		怕热，夏季沿岸带种植易发黄，耐寒，能常绿越冬	具有一定的耐污染能力，根系发达	TN≥31.3 TP≥2.8	5～15株/m²
水芹		较耐寒，生长适温15～25℃，5℃下停止生长，耐-10℃低温	对养分的需求量大，耐污能力强	TN≥84 TP≥11.1	5～10株/m²
旱伞草		不耐寒，生长适温15～25℃，冬季温度应保持在5～10℃。	对养分的需求量大，耐污能力强	TN≥86.7 TP≥9.6	50株/m²

表 B.0.1（续）

植物名称	图片	耐寒性	耐污性	氮磷吸收能力[g/(kg·年)]	种植密度
美人蕉		不耐寒，全年气温高于16℃，可终年生长开花，温度低于16℃时生长缓慢甚至休眠	耐污能力强	TN≥93.8 TP≥9.1	8~12株/m²
梭鱼草		不耐寒，适宜温度为18~35℃，10℃以下停止生长	根系发达，对养分的需求量较大，耐污染能力较强	TN≥63.9 TP≥5.2	10~20株/m²
再力花		不耐寒，适宜温度为20~30℃，10℃以下停止生长	根系发达，对养分的需求量较大，耐污染能力较强	TN≥100.1 TP≥7.3	8~12株/m²

表 B.0.1（续）

植物名称	图片	耐寒性	耐污性	氮磷吸收能力[g/(kg·年)]	种植密度
香菇草		怕寒冷，生长适温 10～25℃，冬季低于 5℃ 避冷越冬	有一定的耐污染能力，适宜 pH 值 6.5～7.0 水环境，有较强提高水体溶解氧含量（DO）水平的能力	TN≥54.1 TP≥6.5	5～10 株/m²
聚草		生长适温 26～30℃，冬季低于 5℃ 避冷越冬	耐污染能力强，适宜微酸至微碱水中	TN≥67.5 TP≥5.8	10～20 株/m²

B. 0. 2 常用漂浮植物特性可按表 B. 0. 2 确定。

表 B. 0. 2 常用漂浮植物特性

植物名称	图片	耐寒性	耐污性	氮磷吸收能力 [g/(kg·年)]	种植密度
凤眼莲		具有一定的耐寒能力，适应性强。适宜水温 18～23℃，超过 35℃ 也可生长，气温低于 10℃ 停止生长	凤眼莲是监测环境污染的良好植物，能吸收水体中大量的氮、磷以及某些重金属元素等营养元素	TN≥97. 9 TP≥9. 2	20～30 株/m²
槐叶萍		不耐寒，适宜温度为 20～30℃，15℃ 以下生长缓慢，10℃ 以下停止生长，不耐霜冻	需肥量大，耐污染能力强，对氮的吸收量大	TN≥42. 4 TP≥5. 6	100～150 株/m²
大藻 （水白菜）		不耐寒，适宜温度为 15～30℃，10℃ 以下生长停滞，冬季遇霜冻死亡	生物量大，根系发达，耐污染能力强	TN≥79. 8 TP≥14. 4	30～40 株/m²

表 B.0.2（续）

植物名称	图片	耐寒性	耐污性	氮磷吸收能力[g/（kg·年）]	种植密度
满江红		抗寒能力很强，四季均可生长，温度在 20~25℃ 之间，可进行大量的繁殖	耐污染能力力强，对氮的积累能力较大	TN≥86 TP≥6.8	100~150株/m²

B.0.3　常用浮叶植物特性可按表 B.0.3 确定。

表 B.0.3　常用浮叶植物特性

植物名称	图片	耐寒性	耐污性	种植密度
睡莲		喜温暖，生长温度 15~32℃，低于 12℃停止生长	叶面覆盖面大，密闭度高，耐污染能力强，水体透明度要求不低于 50cm。适宜水深 30~80cm	2株/m²

表 B. 0. 3（续）

植物名称	图片	耐寒性	耐污性	种植密度
萍蓬草		较耐低温，以冬叶越冬	根系发达，耐污染能力强，尤其适宜于淤泥深厚肥沃的环境，对 pH 值要求不严	10～20 株/m²
莕菜		耐寒，适宜生长温度 15～25℃，温度低于 10℃停止生长，冬季能耐 −15℃低温	具有一定的耐污染能力，适宜于淤泥深厚的环境	12～20 株/m²
黄花水龙		生长适温 11～18℃，冬季能耐 0℃低温	耐污染能力强，对富营养化水体中氮磷去除效果显著，TN≥99.9，TP≥13.3	16～25 株/m²

B.0.4 常用沉水植物特性可按表 B.0.4 确定。

表 B.0.4 常用沉水植物特性

植物名称	图片	耐寒性	耐污性	种植密度
黑藻		性喜温暖，耐寒，在 15 ~ 30℃ 的温度范围内生长良好，越冬不低于 4℃	耐污染能力较强，对磷的吸收能力强	20 ~ 30 丛/m² 10 ~ 15 芽/丛
金鱼藻		对水温要求较宽，但对结冰较为敏感，冰冻天气种植几天内死亡	喜氮，水中无机氮含量高时生长较好，对水体具有较强的净化效果	100 株/m²
菹草		秋季发芽，冬春生长，6 月后逐渐衰退腐败	耐污能力较差，对水体具有较强的净化功能，常用于修复污染程度较低的自然水域	12 丛/m² 6 株/丛

表 B.0.4（续）

植物名称	图片	耐寒性	耐污性	种植密度
苦草		喜温暖，耐低温，在水温 22～30℃生长良好，越冬温度不低于 5℃	对水质有较强的净化能力，尤其是磷	50～80 株/m²
伊乐藻		耐寒能力强，气温在 5℃以上即可生长，18～22℃生长最旺盛，冬季能以营养体越冬	耐污能力强，吸收氮磷能力强，可有效提高水体透明度和溶解氧	40 株/m²

附录 C 河道常用增氧曝气设备特性

表 C.0.1 河道常用增氧曝气设备特性

曝气设备类型	优点	缺点	适用范围	图片
鼓风机-微孔曝气机	1. 不影响行洪 2. 不影响河面景观 3. 管养接电方便	1. 布气管安装工程量大，维修困难 2. 鼓风机房占地面积大，运营噪声大	不通航河道	
（微）纳米曝气机	1. 比表面积大 2. 上升速度慢，停留时间长 3. 传质效率高	1. 投资高 2. 电耗大	不通航河道	

表 C.0.1（续）

曝气设备类型	优点	缺点	适用范围	图片
太阳能曝气机	1.节能，运行成本低 2.安装方便，调整灵活 3.夜间不运行，还原自然水体夜间 DO 低的环境以及生物栖息的规律	1.受地域气候影响较大 2.处理规模偏小	不通航河道	
叶轮吸气推流曝气机	1.安装方便，调整灵活 2.漂浮在水面，受水位影响小	1.叶轮易堵塞 2.影响航运 3.会在水面形成泡沫，影响美观	不通航河道	
水下射流曝气机	1.安装方便 2.充氧动力效率较高，一般为 $1.0\sim1.2kgO_2/kw\cdot h$	维修较麻烦	不通航河道	
叶轮式增氧机	1.安装方便 2.充氧动力效率较高，一般为 $1.4kgO_2/kw\cdot h$	产生噪声；外表不美观	不通航河道，多用于渔业养殖	

附录 D　运营维护项目及要求

D.0.1　堤防工程运营维护项目及要求应符合表 D.0.1 的规定。

表 D.0.1　堤防工程运营维护项目及要求

项目	维护要求
堤防	堤岸无塌陷、裂缝，无渗漏、管涌现象；检查顶面和坡面受雨水淋蚀、冲刷情况
	墙体无下沉、倾斜、滑动情况；墙基无冒水、冒沙现象
	堤岸无蚁穴、兽洞
	混凝土及钢筋混凝土结构无表面脱壳、剥落、侵蚀、裂缝、碳化、露筋、钢筋锈蚀情况及橡胶坝坝带损坏情况
	无伸缩缝、沉降缝损坏，渗水及填充物流失情况
	检查墙前土坡或滩地受水流冲刷情况，防汛通道及墙后回填土的下沉情况
	砌石体无表面松动、裂缝、破损、勾缝脱落、鼓肚、渗漏、坡脚淘沙情况
	防汛闸门无构件锈蚀、门体变形、焊缝开裂情况，检查支承行走构件运转及止水装置完好程度

D.0.2　护岸工程运营维护项目及要求应符合表 D.0.2 的规定。

表 D.0.2　护岸工程运营维护项目及要求

序号	项目	维护要求
1	植被型护岸	定期进行灌溉、施肥、除草和修剪，并注意病虫害的防治
		植株密度未达标应及时进行补种
2	石材型护岸	结构完好，表面平整、无裂缝，勾缝饱满、无脱落
		叠石松动、塌陷、隆起的区域应固定、整理
		石笼铁丝变形或断裂应修理或更换
3	木材型护岸	木桩、木栅缺损应更换，防腐层应完好，如防腐层损坏，应进行修复
		桩和栅栏的完整性、稳定性破损处应进行修补
4	纤维型护岸	生态袋外形完好，无破损，无填充物外漏，如外形污损或填充物外漏应替换或修补
		生态袋连接扣应连接牢固，无松脱，有松脱时，应对其进行紧固

D.0.3 人工湿地工程运营维护项目及要求应符合表 D.0.3 的规定。

表 D.0.3　人工湿地工程运营维护项目及要求

序号	项目	维护要求
1	池体	湿地底部渗漏水时，采用开挖后对底部支持层进行加强处理和对防渗层进行修补或更换
		湿地四周挡墙出现渗漏水时，开挖挡墙周围填料，对保护层、防渗层进行加强
2	池体水位	连续流运行的人工湿地池体，实施间歇流运行 3~5 天，每年宜在春、夏、秋三季各实施一次
		观测、记录人工湿地池体水位变化，出现湿地基质层表面积水现象时，应立刻进行疏松
3	配水	人工湿地污水处理系统进水后，应检查配水效果，配水应均匀不应有侵蚀和短流现象
		清除进出水口及配水管道淤堵物
4	水量水质控制	应定期监测水位、CODCr、BOD5、NHs-N、TP、TN 等指标，如发生异常现象，应采取措施，应按本规程第 5 章的相关规定执行
		采用表层刨松、间歇运行等措施无法恢复设计过流能力时，应更换或清洗人工湿地系统的局部填料
5	池体清淤	人工湿地预处理设施应至少每月检测一次，当池内淤积物达到设计厚度时，应进行清掏处理
6	植物养护	参考第 5 章第 V 节相关规定执行
7	填料堵塞	利用表层刨松、间歇运行等措施无法恢复设计过流能力时，应更换或清洗人工湿地系统的局部填料

D.0.4 挺水植物运营维护项目及要求应符合表 D.0.4 的规定。

表 D.0.4　挺水植物运营维护项目及要求

序号	项目与内容		保洁与维护要求
1	水位控制		符合设计要求
2	施肥		生长较弱时，应根据情况适当施肥。施肥时宜优先选择叶面肥料，添加黏着剂，进行叶面喷洒
3	修剪	日常修剪	枯黄、枯死和倒伏植株应进行修剪
		定期修剪	冬至后至立春萌动前应对枯萎叶片进行修剪，修剪后高度为距河面或地面 0.1m 为宜
			春、夏季每月 1 次去除扩张性植物和死株，并适当修剪、挖除过密植株
4	病虫害防治		将死亡植株撤出，并进行相应的补种；植物有严重病虫害时，应撤出后再喷洒杀虫剂处理
5	整洁	除杂	定期去除杂草，除草时不应破坏植株根系

表 D.0.4（续）

序号	项目与内容		保洁与维护要求
5	整洁	除杂	生态浮岛上种植的挺水植物，不应破坏浮岛单体
			根据季节的不同确定挺水植物除草的频次
		保洁	清理杂物或垃圾
6	植物补植		根据景观及水质改善需要对缺损植株补种
7	植物更换		生态浮岛上种植的挺水植物应定期更换
			更换时将种植篮内的植株连根取出，再用利刀分出一株，重新植入种植篮内
			植物更换后应定期检查，植物坏死时应将根系全部取出并补种同种植物
8	植物保护		设置警示标牌，加强巡检，防止出现人为采摘和折损等影响植株生长的行为

D.0.5 漂浮植物运营维护项目及要求应符合表 D.0.5 的规定。

表 D.0.5 漂浮植物运营维护项目及要求

序号	项目与内容	保洁与维护要求
1	水位和种植密度控制	符合设计要求
2	施肥	生长较弱时，应视情况适当施肥。施肥时宜优先选择叶面肥料，添加黏着剂，进行叶面喷洒
3	日常修剪	枯黄、枯死植株和过密枝叶应修剪
4	种植网框植物的修剪	对超出网框外围的植物进行修剪
5	种植网框植物的打捞	打捞种植网框内的漂浮植物，打捞面积为网框面积的 1/5
6	漂浮植物过密清理	人工打捞清除部分植株
7	枯萎植物和枝叶打捞	应对枯萎植物和枝叶进行打捞
8	整洁	清除岸边浅水区的挺水类杂草，并采用人工打捞方法去除水面的漂浮物，清理垃圾，保持整洁
9	植物补种	补种的植株应在品种、数量上与原先保持一致。补植后，应在一定时间内对该区植物进行关注
10	病虫害防治	应将植株的病虫害部分完全剪除带离，在规定场所进行烧毁，并根据病害原因用药
11	植物保护	设置警示标牌，加强巡检，防止人为采摘和折损等影响植株生长的行为

D.0.6 沉水植物运营维护项目及要求应符合表 D.0.6 的规定。

表 D.0.6 沉水植物运营维护项目及要求

序号	项目与内容	保洁与维护要求
1	水体透明度保持	沉水植物生存环境宜控制在 0.5～2m 范围内；城镇河道水体透明度宜控制在水深的 2/3
2	水位控制	当水深在 0.5m 以下，沉水植物不应露出水面超过 24h，并不应曝晒于阳光下
3	植物收割	根据沉水植物种类的不同，对长出水面影响航道通行或景观的沉水植物、死株适时进行收割，收割方式为机械收割或人工打捞

表 D.0.6（续）

序号	项目与内容	保洁与维护要求
4	植物补植	植物种植密度参见附录 B 中规定
		分析成活率较低原因，根据实际情况或按原设计要求进行补植
5	整洁	清除水体表面植物及非目的性沉水植物，清理垃圾，保持整洁

D.0.7 水生动物运营维护项目及要求应符合表 D.0.7 的规定。

表 D.0.7 水生动物运营维护项目及要求

序号	水生动物	项目与内容	保洁与维护要求
1	浮游动物	种类组成、物种丰富度、频度、生物量等	符合设计要求
2	底栖动物	种类组成、物种丰富度、频度、生物量等	符合设计要求
3	鱼类	括鱼类种类组成、个体数量、生物量等	符合设计要求

D.0.8 生态浮岛运营维护项目及要求应符合表 D.0.8 的规定。

表 D.0.8 生态浮岛运营维护项目及要求

序号	项目	维护要求
1	植株	生长情况
2	位置	位置是否偏移
3	载体	不缺失、不松散、保持完整性，依损坏程度进行修补或更换浮岛单体，同时补种植物；定期更换链接口或扎带
		定期检查生态浮岛的固定情况，有脱落应固定牢固
		漂浮不搁浅，水位涨落或其他原因导致浮岛搁浅时，应将其推入水中复位
4	整洁	清理杂物和垃圾，保持整洁

D.0.9 曝气设施运营维护项目及要求应符合表 D.0.9 的规定。

表 D.0.9 曝气设施运营维护项目及要求

序号	项目与内容	保洁与维护要求
1	曝气机	拆开增氧机主体部分潜水电泵，清洁部件，检查其完好度，并整修或更换损坏的零部件
		更换密封室内和电动机内部的润滑油
		密封室内放出的润滑油油质混浊且水含量为 0.05L，应更换整体式密封盒或动、静密封环
		机械设备松动、移位时，应根据实际情况进行复位或加固
2	管道设施	固定、维修、更换
3	供电系统	停机检修
4	控制系统及仪表	校准控制箱内的时间继电器，更换电池

本规程用词说明

1　为便于在执行本规程条文时区别对待，对要求严格程度不同的用词说明如下：

1）表示严格，在正常情况下均应这样做的。

正面词采用"应"，反面词采用"不应"或"不得"。

2）表示允许稍有选择，在条件许可时首先应这样做的。

正面词采用"宜"，反面词采用"不宜"。

3）表示有选择，在一定条件下可以这样做的，采用"可"。

2　规程中指明应按其他有关标准执行的写法为"应按……执行"或"应符合……的有关规定"。

引用的标准规范名录

1 《堤防工程设计规范》（GB 50286）

2 《公园设计规范》（GB 51192）

3 《无障碍设计规范》（GB 50763）

4 《污水综合排放标准》（GB 8978）

5 《城镇污水处理厂污染物排放标准》（GB 18918）

6 《城镇污水处理厂工程质量验收规范》（GB 50334）

7 《给水排水构筑物工程施工及验收规范》（GB 50141）

8 《给水排水管道工程施工及验收规范》（GB 50268）

9 《城镇污水处理厂污泥处置分类》（GB/T 23484）

10 《混凝土结构工程施工质量验收规范》（GB 50204）

11 《建筑工程施工质量验收统一标准》（GB 50300）

12 《砌体结构工程施工质量验收规范》（GB 50203）

13 《建筑地基基础工程施工质量验收标准》（GB 50202）

14 《室外排水设计标准》（GB 50014）

15 《城镇污水处理厂污泥处置土地改良用泥质》（GB/T 24600）

16 《水利泵站施工及验收规范》（GB/T 51033）

17 《生产经营单位生产安全事故应急预案编制导则》（GB/T 29639）

18 《土工合成材料 聚乙烯土工膜》（GB/T 17643）

19 《机械设备安装工程施工及验收通用规范》（GB 50231）

20 《施工现场临时用电安全技术规范》（JGJ 46）

21 《园林绿化工程施工及验收规范》（CJJ 82）

22 《园林绿化养护标准》（CJJ/T 287）

23 《绿化种植土壤》（CJ/T 340）

24 《水利水电工程边坡设计规范》（SL 386）

25 《水利水电工程施工质量检验与评定规程》（SL 176）

26 《水利水电工程测量规范》（SL 197）

27 《水工混凝土结构设计规范》（SL 191）

28 《水利水电建设工程验收规程》（SL 223）

29 《堤防工程施工规范》（SL 260）

30 《水工混凝土施工规范》（SL 677）

31 《疏浚与吹填工程施工规范》（JTS 207）

涉及专利和专有技术名录

国家专利

[1] 中铁十七局集团第三工程有限公司．树木固定装置：201721136478.2［P］.2018-03-27.

[2] 中铁十七局集团第三工程有限公司．一种深度自动调节式复合纤维浮动湿地：201822081211.9［P］.2019-07-23.

[3] 中铁十七局集团第三工程有限公司．筏基式筑岛填筑结构：201921260944.7［P］.2020-05-12.

[4] 中铁十七局集团第三工程有限公司．挖掘机刷坡作业坡度控制装置及方法：201911372576.X［P］.2020-05-12.

[5] 中铁十七局集团第三工程有限公司．卷材铺设装置：202020449069.3［P］.2021-03-09.

[6] 中铁十七局集团第三工程有限公司．河道防渗工程用布撒装置：202020448958.8［P］.2021-03-09.

本文件的发布机构提请注意，声明符合本文件时，可能涉及到相关专利的使用。

本文件的发布机构对于该专利的真实性、有效性和范围无任何立场。

该专利持有人已向本文件的发布机构保证，他愿意同任何申请人在合理且无歧视的条款和条件下，就专利授权许可进行谈判。该专利持有人的声明已在本文件的发布机构备案，相关信息可通过以下联系方式获得：

专利持有人姓名：中铁十七局集团第三工程有限公司

地址：河北省石家庄市鹿泉区中山西路 979 号

请注意除上述专利外，本文件的某些内容仍可能涉及专利。本文件的发布机构不承担识别这些专利的责任。